U0181925

北京自然观察手册

昆虫

计云　著

北京出版集团
北 京 出 版 社

图书在版编目（CIP）数据

昆虫 / 计云著 . — 北京 ：北京出版社，2022.2
（北京自然观察手册）
ISBN 978-7-200-17015-3

I. ①昆… II. ①计… III. ①昆虫 — 普及读物 IV.
①Q96-49

中国版本图书馆 CIP 数据核字（2022）第 026757 号

北京自然观察手册
昆虫
计云 著
*
北 京 出 版 集 团
北 京 出 版 社 出版

（北京北三环中路 6 号）
邮政编码：100120

网 址：www.bph.com.cn
北京出版集团总发行
新华书店经销
北京瑞禾彩色印刷有限公司印刷
*
145 毫米 ×210 毫米 15.25 印张 366 千字
2022 年 2 月第 1 版 2022 年 2 月第 1 次印刷

ISBN 978-7-200-17015-3

定价：88.00 元

这是一本精选的北京昆虫摄影集，同时也是寻虫指南书，还是讲述了一众北京传奇昆虫和一些新记录、新成果的本底资料书。本书可以方便“在北京的人”了解、识别、探寻北京昆虫，可以让“北京长大的孩子”找回童年的玩虫记忆，也可以让想了解北京大自然的人更好地认识北京的昆虫。作者从北京成千上万的昆虫中，为读者精选出了“最熟悉的”“最好看的”“最北京的”“最明星的”和“最有说头的”200多种昆虫。对于最适合读者探寻和观察的类群，作者致力于将它们收集、展示得更全面一些，因此，本书亦可作为北京地区蜻蜓、大步甲、锹甲等明星昆虫类群的大图鉴。当您找到过本书中大多数昆虫时，您已经可以向资深昆虫达人的水平进阶。

版权声明

本书中少数图片通过国际知识共享协议（2.0或以上版本）方式进行授权、引用，汇编于本书中，以补全部分物种的图像。我们由衷敬佩并衷心感谢下列友人，他们将自己的作品无私奉献给包括公众科普在内的公共领域。他们是：

吉勒斯·圣·马丁（Gilles San Martin）

胡安·埃米利奥（Juan Emilio）

施礼正（Shih Li Cheng）

Copyright Notice

序

北京的大都市风貌固然令人流连忘返，然而北京地区的大自然也一样充满魅力，非常值得我们怀着好奇心去探索和发现。应邀为“北京自然观察手册”丛书做序，我感到非常欣慰和义不容辞。

这套丛书涵盖内容广泛，包括花鸟虫鱼、云天现象、矿物岩石等诸多分册，集中展示了北京地区常见的自然物种和自然现象。可以说，这套丛书不仅非常适合指导各地青少年及入门级科普爱好者进行自然观察和实践，而且也是北京市民真正了解北京、热爱家乡的必读手册。

作为一名古鸟类研究者，我想以丛书中的《鸟类》分册为切入点，和广大读者朋友们分享我的感受。

查看一下我书架上有关中国野外观察类的工具书，鸟类方面比较多，最早的一本是出版于2000年的《中国鸟类野外手册》，还是外国人编写的，共描绘了1329种鸟类；2018年赵欣如先生主编的《中国鸟类图鉴》，收录1384种鸟类；2020年刘阳、陈水华两位学者主编的《中国鸟类观察手册》，收录鸟类增加到1489种。仅从数字上，我们就能看出中国鸟类研究与观察水平的进步。

近年来，在全国各地涌现了越来越多的野外观察者与爱好者。他们走进自然，记录一草一木、一花一石，微信朋友圈里也经常能够欣赏到一些精美的照片，实在令人羡慕。特别是某些城市，甚至校园竟然拥有他们自己独特的自然观察手册。以鸟类观察为例，2018 年出版的《成都市常见 150 种鸟类手册》受到当地自然观察者的喜爱。今年 4 月，我参加了苏州同里湿地的一次直播活动，欣喜地看到了苏州市湿地保护管理站依据 10 年观测记录，他们刚刚出版了《苏州野外观鸟手册》，记录了全市 374 种鸟类。我还听说，多个湿地的观鸟者们还主动帮助政府部门，为鸟类的保护做出不少实实在在的工作。去年我在参加北京翠湖湿地的活动时，看到许多观鸟者一起观察和讨论，大家一起构建的鸟类家园真让人流连忘返。

北京作为全国政治、文化和对外交流的中心，近年来在城市绿化和生态建设等方面取得长足进展，城市的宜居性不断改善，绿色北京、人文北京的理念也越来越深入人心。我身边涌现了很多观鸟爱好者。在我们每天生活的城市中观察鸟类，享受大自然带给我们的乐趣，在我看来，某种意义上这代表了一个城市，乃至一个国家文明的进步。我更认识到，在北京的大自然探索观赏中，除了观鸟，还有许多自然物种和自然现象值得我们去探究及享受观察的乐趣。

“北京自然观察手册”丛书正是一套致力于向读者多方面展现北京大自然奥秘的科普丛书，涵盖花鸟鱼虫、动物植物、矿物和岩石以及云和天气等方方面面，可以说是北京大自然的“小百科”。

丛书作者多才多艺、能写能画，是热心科普与自然教育的多面手。这套书缘自不同领域的 10 多位作者对北京大自然的常年观察与深入了解。他们是自然观察者，也是大自然的守护者。我衷心希望，从书的出版能够吸引更多的参与者，无论是青少年，还是中老年朋友们，加入到自然观察者、自然守护者的行列，从中享受生活中的另外一番乐趣。

人类及其他生命均来自自然，生命与自然环境的协同发展是生命演化的本质。伴随人类文明的进步，我们从探索、发现、利用（包括破坏）自然，到如今仍在学习要与自然和谐共处，共建地球生命共同体，呵护人类共有的地球家园。万物有灵，不论是尽显生命绚丽的动物植物，还是坐看沧海桑田的岩石矿物、转瞬风起云涌的云天现象，完整而真实的大自然在身边向我们诉说着一个个美丽动人的故事，也向我们展示着一个个难以想象的智慧，我们没有理由不再和它们成为更好的朋友。当今科技迅猛发展，科学与人文的交融也应受到更多关注，对自然的尊重和保护无疑是人类文明进步的重要标志。

最后，我希望本套丛书能够受到广大读者们的喜爱，也衷心希望在不远的将来，能够看到每个城市、每座校园都拥有自己的自然观察手册。

周忠和

演化生物学及古鸟类学家

中国科学院院士

目 录

昆虫观察指导

如何观察北京昆虫

北京昆虫可以按城区、郊区平原、山区划分，其相应的所投入的观察时间与收获也各不相同。昆虫种类和数量的丰富度大致可以按山区 — 郊区平原 — 城区排序，因而我建议读者多前往山区探寻昆虫。

但如果您没有时间前往山区，我也会在本书中推荐北京城区的寻虫地点和集虫目标。

在此之前，先简单、轻松地介绍一些观察昆虫的基础知识。

另外，观察昆虫需要了解一些昆虫学名词。本书中的物种描述部分也难免提及一些昆虫身体结构方面的专业名词，其具体含义读者可查阅《普通昆虫学》等书籍，本书中不再单独全面讲解昆虫纲各目的结构特征。

由于部分昆虫种类具有明显的雌雄差异，本书中，以“♂”符号对有必要指明的雄性进行标注，以“♀”符号对有必要指明的雌性进行标注。

1 裸眼观察

在我刚开始玩虫的时候，我问师兄：“你用什么办法找到那么多昆虫呢？”师兄答：“观察法。”

如今，在和大家分享经验时，我也是首推裸眼观察法。

通过仔细观察草、树枝、树皮、石头和地面上等各种野外物体，不仅可以找到明显的虫子，还能识破许多具有保护色或体形小的虫子。

裸眼观察法的最大好处，是相比于捕捉昆虫，这种方式对昆虫的惊扰程度最小。因而，我们能看到昆虫的原始生活状态，其姿态、动作、行为等，往往相当有趣；而捕捉后除了能看到昆虫的应激行为外，我们往往失去了观察昆虫正常行为的机会。

对于有经验、有耐心的观察者，裸眼观察法所能找到的昆虫并不少。为此，读者可以通读本书，了解各类昆虫的形态与生境，方能在野外更高效地找到昆虫。

2 用望远镜观察

某些昆虫不易接近的原因，除了生性敏感机警以外，主要是环境的阻隔，比如喜活跃在开阔水面中央的一些几乎不停落的蜻蜓种类。另外，尽管对大多数蝴蝶和蜻蜓来说，人们在观察时都可以小心地成功接近到一两米内的距离，但如果观察者经验不足，动作过大或体形过大，或影子扫过昆虫，都很可能无法成功接近。

选择便携的小型双筒望远镜，可以观察不易接近的昆虫；还可以用来观察在高树上的昆虫，比如蝉；对兴趣不局限于昆虫的自然爱好者，还可兼顾观鸟。

望远镜观察昆虫，对昆虫无惊扰。但小型望远镜视野较小，不容易跟上飞行迅速或飞行轨迹无法预测的昆虫。

3 影像记录

随着时代的发展，现在几乎人人都有可拍照设备。用其将昆虫的影像记录下来，更便于我们反复观察昆虫的形态。在“无图无真相”的时代，您也应有所觉悟：为了不被人质疑，我们有必要留下所见事物的影像。即使不为了“吹牛”，至少也能为科学记录提供证明，不然就容易有本书中“血红扁甲大谜案”那样的遭遇。

对于相机使用者来说，微距镜头是必备的，因为大多数昆虫的拍摄，都依靠微距镜头。对于不易接近的昆虫，可选择长焦镜头拍摄到足够放大倍率的昆虫影像，等效300～500mm的焦段可以满足绝大多数远距离昆虫的拍摄需求。超微距镜头的等效放大比例在2∶1～7∶1之间，可以拍摄微小昆虫，还可以放大普通昆虫的身体结构，让人们看到更有趣的微观世界。此外，我常用的还有广角微距镜头与鱼眼镜头，但这两种镜头主要用于拍摄一些宏大的场面，去表现昆虫与环境的关系，而不仅是用来观察昆虫本身了。

对于选择用手机拍摄昆虫的人，除了个别型号外，多数手机不具备足够的微距能力。为此，可选择“手机微距附加镜”，电商平台都有售卖，便宜得很。手机拍昆虫的主要缺点：一是分辨率不高，二是手机必须抵近到几乎贴着昆虫才能有足够的放大率。

如果读者想问“这是什么昆虫”，高清大图是必要的，请勿用模模糊糊或昆虫小成一个像素的影像来询问专家。

4 网捕法

在以前，照相设备缺乏，网捕法曾是北京孩子玩虫的主要方法。

最常用的昆虫网分为捕网和扫网。

捕网柄长，网纱要非常透风，如果兜风那就不好了——“天下武功唯快不破”，本来人类的速度就很难跟得上野生动物，如果再因风阻太大而迟缓，就更别想捕到大型蜻蜓这样的昆虫了。因此，要选择能轻便快速地舞动起来的捕网。

扫网柄短，网纱最好不漏眼，主要用途是反复刮扫植物，在不进行观察的情况下，将植物上潜藏的一切昆虫尽收囊中，再观察都捕到了什么。

在捕捉昆虫时，一般采用横扫的方式，这比从上往下扣更容易捉到昆虫。只有当昆虫趴在地面、树干等平面上时，才考虑采用下扣的方式，以免捕捉失败或网边缘摩擦导致昆虫变得“稀巴烂”。对于会跳跃或假死的昆虫，如果它们在草叶上，就更要用横扫法，因为如果扣捕，网会被植物卡住，虫子容易从下方逃脱。

5 饲养观察

饲养观察可让我们深入了解昆虫的行为、食性等。对于一些只容易见

剖朽木找虫

到幼虫的昆虫，可以用饲养法，更容易地获得对其成虫的观察机会，如斑衣蜡蝉螯蜂、鸣鸣蝉寄蛾。

6 翻石头找昆虫

一些昆虫喜藏匿于石头下，在野外时观察者可以翻起石头寻找，石头下面有一定概率能发现大步甲、蠼螋等昆虫；东方巨齿蛉也会在拒马河流域岸边的大石头下化蛹；翻起水中的石头还能找到许多蜻蜓、蜉蝣、石蛾等昆虫的稚虫和幼虫，以及龙虱、水龟虫等昆虫的成虫。

要格外注意翻石头的方法——在山里翻石头时，一定是手放在石头侧面用力翻动，千万不要把双手贸然塞到石头下方或石缝里，也不要让石头被翻开的方向朝着自己或别人，因为在北京山区，石头下偶尔可能藏着能夺人性命的剧毒蝮蛇，因此在此特别提醒。

7 剖朽木找昆虫

一些昆虫（尤其是奇特甲虫）生活在朽木中，可以扒下朽木的树皮寻找，还可以将剩余朽木全部剖碎，用螺丝刀即可完成此操作，必要时可用斧子。剖朽木时，可用白布衬于下方，以便昆虫掉落时容易被发现。

8 拔蘑菇找昆虫

一些昆虫为菌食性，可以小心查看蘑菇菌盖下方，或干脆将蘑菇捣碎，都可能找到一些隐藏在蘑菇里的昆虫，比如大蕈甲、伪瓢虫、一些隐翅虫都可以用此方法找到。

灯诱现场

9 食物诱集

一些昆虫可用食物诱到，如野外的一些树上如果流出发酵的树汁，就会有蝴蝶、锹甲、花金龟、蜡斑甲等聚集。同理，我们可以使用气味扑鼻的烂水果，或糖、醋、蜂蜜、酒精的混合液体，尝试诱集一些昆虫。

10 灯诱

许多昆虫都有强烈的趋光性，因而，灯诱是最高效的“非环境破坏型昆虫采集方法”。在夜晚，于漆黑的山林里，点起一盏明亮的灯，在灯边撑起一块白布，则会有大量昆虫不断飞来，密集停落在白布上。若想一次性看到大量昆虫，灯诱是最好的方法。但需格外注意野外用电安全，若电线有破损，或灯泡淋雨，都可能发生一些危险，一定要在保证安全的前提下进行灯诱活动。

一些高人气昆虫类群，如大蚕蛾、锹甲、巨齿蛉，在白天很难找到，但通过灯诱，可以很轻易地见到。

北京昆虫观察成就评级

本书将在特定环境中，设定一些目标物种。如果读者能通过努力，逐一“打卡”这些物种，找到它们，则可获得相应的成就等级。

如果读者能完成这些昆虫“打卡”游戏中的大部分，则已经对“什么环境下会有哪些昆虫栖息”“各种观察昆虫的方法”有了较为全面的了解，也掌握了许多的昆虫知识，可以作为昆虫达人，来传播昆虫知识、讲述北京昆虫趣闻了。

D级 —— 小白

C级 —— 入门

B级 —— 虫痴

A级 —— 高手

S级 —— 大神

D级难度的成就

D级只是最初级的昆虫观察成就，意味着您“观察过一些昆虫”，但局限于“路过顺便看一看”的程度。只要是在遛弯儿、逛公园时留意观察昆虫的人，应都见过D级难度昆虫的大部分种类。虽然观察成就不高，但这证明您已经“有一颗乐于观察自然、热爱生活之心”。请努力晋级，因为北京的大自然中还有更多更有意思的昆虫。

任务1：集齐“北京城区路边常见昆虫九宫格”

九宫格中，从左到右、从上到下，分别是：

① 斑衣蜡蝉*Lycorma delicatula*

② 沟眶象*Eucryptorrhynchus scrobiculatus*

③ 臭椿沟眶象*Eucryptorrhynchus brandti*

④ 菜粉蝶*Pieris rapae*

⑤ 黑蚱蝉*Cryptotympana atrata*

⑥ 蒙古寒蝉*Meimuna mongolica*

⑦ 七星瓢虫*Coccinella septempunctata*

⑧ 异色瓢虫*Harmonia axyridis*

⑨ 小豆长喙天蛾*Macroglossum stellatarum*

请在北京城区找到它们，方可完成本级，成为“D级昆虫观察者”。

任务提示

斑衣蜡蝉、沟眶象、臭椿沟眶象在臭椿树上极容易见到；小豆长喙天蛾与菜粉蝶在大片的花丛中容易见到；其他种类在城区夏季的野地中，有可能遇见。

①
②
③
④
⑤
⑥
⑦
⑧
⑨

任务2：集齐“北京城区公园常见蜻蜓九宫格”

九宫格中，从左到右、从上到下，分别是：

① 黄蜻*Pantala flavescens*

② 红蜻*Crocothemis servilia*

③ 玉带蜻*Pseudothemis zonata*

④ 异色多纹蜻*Deielia phaon*

⑤ 白尾灰蜻*Orthetrum albistylum*

⑥ 碧伟蜓*Anax parthenope julius*

⑦ 长叶异痣蟌*Ischnura elagans*

⑧ 蓝纹尾蟌*Paracercion calamorum*

⑨ 叶足扇蟌*Platycnemis phyllopoda*

请在北京城区找到它们，方可完成本级，成为“D级昆虫观察者”。

任务提示

这些蜻蜓极为常见，对照本书图鉴部分仔细分辨即可。一般1～3次外出观察即可全部找到。在北京，夏季去一趟北京植物园、圆明园就可以全部遇到，在龙潭西湖公园、转河、玉渊潭公园等城区中心的公园也可轻易发现其中的大部分。

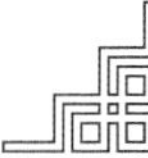

①
②
③
④
⑤
⑥
⑦
⑧
⑨

C级难度的成就

C级证明您已经可以识别许多昆虫，并能开始分清一些长得有点相似的昆虫种类。C级还代表您一定不只是在小区和公园里看昆虫，而是去过北京的远郊、山区观察自然。这是一个很棒的开始，如果继续努力，您将很快可以晋级到B级。

任务1：集齐“北京山区常见昆虫九宫格”

九宫格中，从左到右、从上到下，分别是：

① 中华剑角蝗*Acrida cinerea*

② 短额负蝗*Atractomorpha sinensis*

③ 广斧螳*Hierodula petellifera*

④ 中华大刀螳*Tenodera sinensis*

⑤ 日本弓背蚁*Camponotus japonicus*

⑥ 鸣鸣蝉*Hyalessa maculaticollis*

⑦ 蟪蛄*Platypleura kaempferi*

⑧ 桃红颈天牛*Aromia bungii*

⑨ 花椒凤蝶*Papilio xuthus*

请在北京山区找到它们，方可完成本级，成为“C级昆虫观察者”。

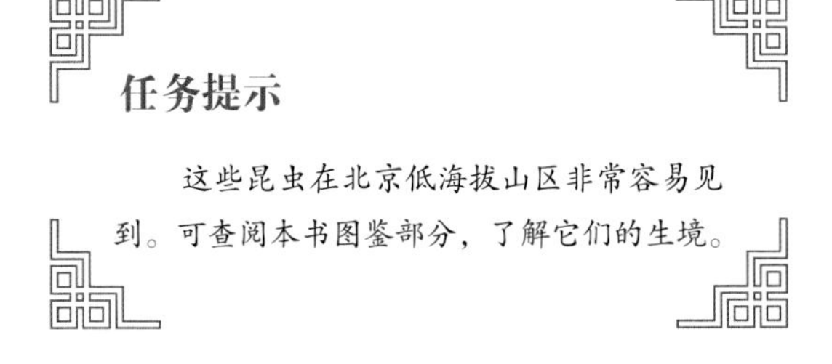

任务提示

这些昆虫在北京低海拔山区非常容易见到。可查阅本书图鉴部分，了解它们的生境。

任务2：集齐“北京常见蝴蝶九宫格”

九宫格中，从左到右、从上到下，分别是：

① 菜粉蝶*Pieris rapae*

② 云粉蝶*Pontia daplidice*

③ 花椒凤蝶*Papilio xuthus*

④ 丝带凤蝶*Sericinus montelus*

⑤ 绿带翠凤蝶*Papilio maackii*

⑥ 大红蛱蝶*Vanessa indica*

⑦ 小红蛱蝶*Vanessa cardui*

⑧ 黄钩蛱蝶*Polygonia c-aureum*

⑨ 蓝灰蝶*Everes argiades*

请在北京找到它们，方可完成本级，成为“C级昆虫观察者”。

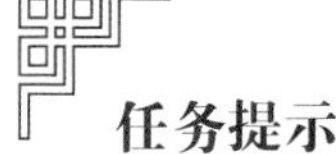

任务提示

这些昆虫在北京低海拔山区非常容易见到，在公园里也可见到大部分。北京植物园、妙峰古道、虎峪等地就很容易一次性见到这些种类。

①
②
③
④
⑤
⑥
⑦
⑧
⑨

B级难度的成就

B级证明您已经是“会特意地仔细观察昆虫和寻找昆虫”的人，并掌握了一定的寻找昆虫的技术。也许只有喜欢昆虫多年的人，才能在不经意间达成B级成就。而刚喜欢上昆虫的人，若想达成B级成就，恐怕要花点心思去研究——想单靠碰运气，已经不可能快速地完成B级挑战了。

任务1：集齐“北京城区昆虫进阶九宫格”

九宫格中，从左到右、从上到下，分别是：

① 云粉蝶*Pontia daplidice*

② 花椒凤蝶*Papilio xuthus*

③ 广斧螳*Hierodula petellifera*

④ 冀地鳖*Polyphaga plancyi*

⑤ 中华斗蟋*Velarifictorus micado*

⑥ 多伊棺头蟋*Loxoblemmus doenitzi*

⑦ 麻皮蝽*Erthesina fullo*

⑧ 光肩星天牛*Anoplophora glabripennis*

⑨ 中华萝藦肖叶甲*Chrysochus chinensis*

请在北京城区找到它们，方可完成本级，成为“B级昆虫观察者”。

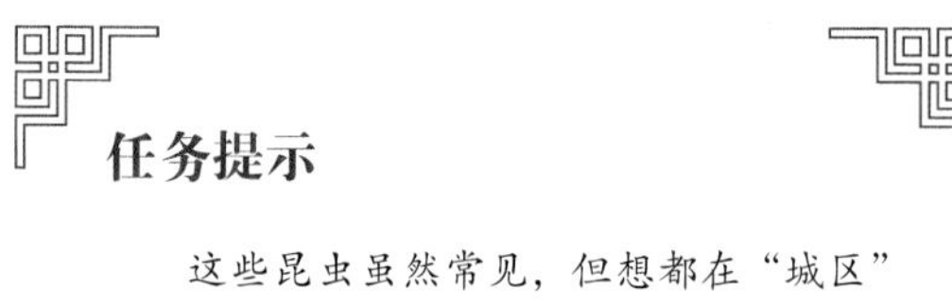

任务提示

这些昆虫虽然常见，但想都在“城区”范围限定下找到它们，还是需要一定的耐心和有对不同昆虫生境的判断能力。

任务2：集齐“北京山区灯诱常见昆虫九宫格”

九宫格中，从左到右、从上到下，分别是：

① 绿尾大蚕蛾*Actias selene*

② 樗蚕*Samia cynthia*

③ 红腿刀锹*Dorcus rubrofemoratus*

④ 大卫大锹*Dorcus davidis*

⑤ 大卫鬼锹*Prismognathus davidis*

⑥ 达球螋*Forficula davidi*

⑦ 汉优螳蛉*Eumantispa harmandi*

⑧ 炎黄星齿蛉*Protohermes xanthodes*

⑨ 东方巨齿蛉*Acanthacorydalis orientalis*

请在北京山区找到它们，方可完成本级，成为“B级昆虫观察者”。

任务提示

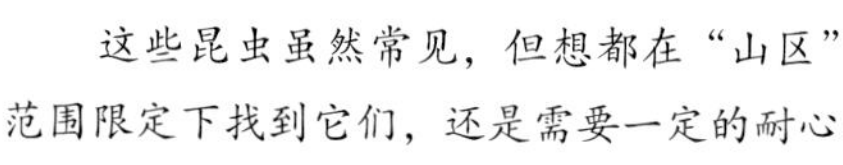

这些昆虫虽然常见，但想都在“山区”范围限定下找到它们，还是需要一定的耐心和有对不同昆虫生境的判断能力。

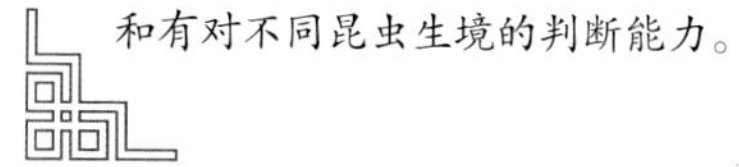

A级难度的成就

A级证明您已经探索过北京的不少山林，掌握了许多寻找昆虫的方法，并能够辨认许多近似物种和昆虫小类群。A级成就的获得，代表您已经达到“昆虫发烧友”境界，会为了寻找某些昆虫而特意安排行程。如能持续努力学习昆虫知识、去野外探索昆虫，距离成为昆虫达人指日可待。

任务1：集齐“北京山区昆虫进阶九宫格”

九宫格中，从左到右、从上到下，分别是：

① 红珠绢蝶*Parnassius bremeri*

② 白眼蝶*Melanargia halimede*

③ 绿带翠凤蝶*Papilio maackii*

④ 琉璃蛱蝶*Kaniska canace*

⑤ 两点锯锹*Prosopocoilus astacoides*

⑥ 绿步甲*Carabus maragdinus*

⑦ 秋掩耳螽*Elimaea fallax*

⑧ 中国螳瘤蝽*Cnizocoris sinensis*

⑨ 笨蝗*Haplotropis brunneriana*

请在北京山区找到它们，方可完成本级，成为“A级昆虫观察者”。

任务提示

这些昆虫栖息于不同的海拔、不同的生境，可见于不同的季节，虽然只要对照本书给出的寻虫指南，找到其任一种都不难，但若想全部找到它们，则也很需要费一些功夫。

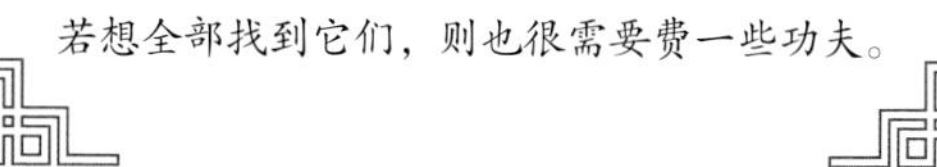

任务2：集齐“北京山区常见蜻蜓九宫格”

九宫格中，从左到右、从上到下，分别是：

① 联纹小叶春蜓*Gomphidia confluens*

② 艾氏施春蜓*Sieboldius albardae*

③ 马奇异春蜓*Anisogomphus maacki*

④ 黑纹伟蜓*Anax nigrofasciatus*

⑤ 竖眉赤蜻*Sympetrum eroticum*

⑥ 条斑赤蜻*Sympetrum striolatum*

⑦ 线痣灰蜻*Orthetrum lineostima*

⑧ 透顶单脉色蟌*Matrona basilaris*

⑨ 白扇蟌*Platycnemis foliacea*

请在北京山区找到它们，方可完成本级，成为“A级昆虫观察者”。

任务提示

这些昆虫在北京低海拔山区非常容易见到。但它们栖息的具体生境有所不同。可查阅本书图鉴部分，了解它们的生境。在十渡、怀沙河、碓臼峪等地，只要去对了时节，这些种类是可以轻易一次就看全的。

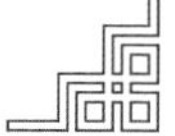

终极挑战：S级难度的成就

能完成S级挑战的人注定凤毛麟角，其实力已经相当高了。他们为了探索昆虫付出的心思和努力已相当多，也许还要加上一定的运气，才能完成四大S级挑战中的任何一项。我本人目前只完成了其中两项。如果有人能达成全部四大S级挑战，其对北京昆虫的了解程度、寻找昆虫的能力、运气应都是“超神级”的。我期待这样的读者出现！

任务1：集齐本书中展示的全部8种锹甲

任务2：集齐本书中展示的全部8种大蚕蛾

任务3：集齐本书中展示的全部9种大步甲

任务4：集齐本书中所有的“北京神物”

北京昆虫

北京角臀大蜓

别名 北京大蜓

拉丁学名 *Neallogaster pekinensis*

分类归属 蜻蜓目 大蜓科

北京特色蜻蜓种类之一，唯二以“北京”命名的蜻蜓种类之一。于1886年在北京被发现，长期以来被作为北京特有物种，备受北京昆虫爱好者喜爱。但近年来四川地区也有发现。本种出没于北京中、高海拔的深山溪流环境，与更喜占据低海拔浅山区溪流的双斑圆臀大蜓分庭抗礼。多数情况下，二者的生境几乎无重叠，但昆虫爱好者张玥智在北京怀柔区低至海拔200m的地区发现了本种较大种群，刷新了本种在北京的低海拔分布纪录。

♂

摄影/张玥智

♀

形态描述

在北京的蜻蜓中属大型，但明显较双斑圆臀大蜓显小，这与其腹部纤细、收狭（♂）且体斑细碎有关。腹部背面有成对的黄斑，且成对大斑与成对小斑相间分布，此特征在北京的70多种原生蜻蜓中，仅极北蜓与之近似，但极北蜓其余部位均与本种差异甚大，易于区分。

体长71～80mm。

寻虫指南

成虫6—7月最盛，至8月已难觅。松山、玉渡山、小龙门、百花山、龙门洞、雾灵山、云蒙山等地的山间小溪多有出没。

双斑圆臀大蜓

拉丁学名 *Anotogaster kuchenbeiseri*

分类归属 蜻蜓目 大蜓科

北京地区最大型的蜻蜓。在其所生存的流域范围内，常是所有蜻蜓中最强势的一种，主动驱赶、追逐甚至捕食其他蜻蜓种类。强壮、飞行迅猛，不少人会因童年时捕捉失败而遗憾于怀。本种的幼虫只能生存在非常干净的活水溪流中，因此，其可作为北京低山生态环境健康程度的指示性物种。

形态描述

体大，雌性大于雄性。复眼翠绿色，足纯黑色，身体余部具黑黄相间的条纹，腹部的黄色条纹形成环状，与北京角臀大蜓的成对黄色碎斑不同，易于区分。雌性腹末的产卵器很长。

体长80 ~ 95mm。

♂

♀

寻虫指南

成虫6—9月均为盛发期，部分低海拔流域10月初仍可见。清澈、海拔较低的山间小溪多有出没；开阔敞亮的低海拔水面也是本种多见之地，如拒马河、密云水库；海拔较高的山地溪流有时亦有本种出没，但其与北京角臀大蜓常各自占据不同的生境：北京角臀大蜓喜欢非常郁闭的林下幽暗小溪，从不留恋开阔环境下的水域。

碧伟蜓

别名 老刚儿（♂）、老紫儿（♀）、单杆儿、捞滋儿、老琉璃

拉丁学名 *Anax parthenope julius*

分类归属 蜻蜓目 蜓科

本种为许多北京孩子的童年回忆，是北京城区能被捕捉到的最大蜻蜓。因其捕捉难度较黄蜻等小型蜻蜓大得多，因此常是孩子们捉虫的“终极目标”之一。作为惹人喜爱的常见物种，本种具有流传甚广的俗名，且雌雄均有不同的北京话专属俗名，这种情况，在北京所有的动物种类中也是少见的。

形态描述

大型蜻蜓，复眼与合胸翠绿色，雄性腹部第2～3节“腰部”为蓝色，雌性腹部第2节的颜色一般为白里透绿，亦有与雄性色彩相似的蓝色型个体，但蓝色程度一般较雄性为浅。雄性腹部第4～10节黑色，但两侧具有明显的淡黄绿色纵纹，显亮；雌性腹部颜色发紫，同样具有淡色纵纹，但

♂

老熟雌性纵纹消失，腹部常呈纯粹的紫红色。翅透明，但老熟个体翅有强烈的烟黄色。

体长68～76mm。

寻虫指南

成虫5—9月多见于除郁闭林荫小溪外的任何水域，河、湖、池塘、沟渠、鱼坑等地遍布，甚至在一些臭水河中其幼虫都可生存。因近年气候变暖与城市热岛效应，在北京城区，其成虫在4月初即可见到。

黑纹伟蜓

拉丁学名 *Anax nigrofasciatus*

分类归属 蜻蜓目 蜓科

本种与碧伟蜓相似，但腹部斑纹更加艳丽，复眼也呈蓝色而非绿色。在一些近山的池塘或溪流环境，本种与碧伟蜓混生，但本种不出现于平原城区，为山区、近山地带特色物种。

形态描述

大型蜻蜓，复眼上部蓝色，合胸翠绿色、侧面具2条黑纹。雄性腹部具有一系列天蓝色点状斑纹；雌性多型，其腹部的斑纹为鲜黄色、天蓝色或绿色。足纯黑色，与碧伟蜓的腿节红色亦不相同。

体长75 ~ 80mm。

♂

摄影／金洪光

♀

寻虫指南

雄成虫5—8月多见于较洁净的低山溪流流域，于近山的河流、水库、池塘也多见。雌成虫除产卵期外，并不常见。少数成虫可存活至9月上半月。

山西黑额蜓

拉丁学名 *Planaeschna shanxiensis*

分类归属 蜻蜓目 蜓科

本种虽然在2001年才发表，但其是北京山区大范围广布的极常见的固有种。因其发表时仅依据山西所产标本发表，故名山西黑额蜓。本种蜻蜓的雌性常于9月上半月，聚集在山地溪流边产卵，或交首叠尾，或三五成群，蔚为壮观，为北京一昆虫奇观。

形态描述

中大型蜻蜓，体多黄绿色与黑色相间的斑纹，其中腹部背面具有一系列成对的黄绿色碎斑，斑纹两两成对，在腹部中部，这些斑纹的尖端依次反复转向，形成“一排正向、一排逆向”反复交替的独特三角形成对斑纹序列。北京其他具有类似成对成行的三角形碎斑的蜻蜓种类，其斑纹均不如此反复交替变化，可轻易区分。本种雌雄色彩接近。

体长68～70mm。

♀

摄影／陈炜

♂

寻虫指南

成虫7—9月多见于较洁净的中、低山溪流流域，于山区的水库、池塘也可见。9月上半月，北京山区溪流边苔藓多的水岸交界处，可见大量雌性成虫弯腹产卵，观察者接近至几厘米也不逃逸，是观察本种的最佳时机。

长者头蜓

拉丁学名 *Cephalaeschna patrorum*

分类归属 蜻蜓目 蜓科

本种飞行时，远观其形貌与山西黑额蜓相似。但本种喜好环境为中、高海拔林荫下的溪流，为荫蔽环境下中、高海拔的优势蜓种；而山西黑额蜓为低海拔山地溪流的常见种。本种中文名的“长者”源于拉丁语词根 *patre*，意为“父亲的”。

形态描述

中大型蜻蜓，体多黄色、绿色与黑色相间的斑纹，其中腹部背面具有一系列成对的黄绿色碎斑，斑纹两两成对，在腹部中部，这些斑纹形成“一排黄色、一排绿色”反复交替颜色的独特成对斑纹序列，与北京其他蜻蜓

♂

♀

种类均不同。另外，远观时本种虽与山西黑额蜓近似，但其腹部斑纹向两侧延伸，看上去更像是“环纹”。本种雌雄色彩接近。

体长69 ~ 71mm。

寻虫指南

成虫8—9月多见于深山区中、高海拔的清澈小溪流域，有时出没的环境极为阴暗，肉眼观之只见带有绿色“环纹”的黑影一次次掠过水面。近山的较开阔水面也有本种，但其从不下到海拔极低处。

混合蜓

拉丁学名 *Aeshna mixta*

分类归属 蜻蜓目 蜓科

本种在北京虽然分布广泛，却不易见到。其喜高飞，仅在8月底到9月初的某段短暂时间内下到低海拔水域边巡飞、繁殖，而大部分时间在高空或深山中。尽管不易寻获，但因其异常绚丽的花斑惹人喜爱，所以不断地有人努力地寻找它的踪影。

形态描述

中大型且绚丽的蜻蜓。雄性复眼蓝色，腹部也具有一系列大小相间的天蓝色碎斑；雌性多型，腹部的碎斑为绿色、黄绿色或与雄性近似的蓝色，同时有褐色与黑色的斑纹、条纹，各色混合，非常绚丽。合胸侧面具有绿色与褐色相间的宽条纹，但常因密被绒毛而绿色不明显，只显褐色。

体长56 ~ 64mm。

寻虫指南

成虫6—9月出现，但仅8、9月之交才来到低海拔的水域巡飞、繁殖，为观察最佳时机。其余时间，在山区有一定概率遇见零散高飞个体，有时也偶见停落在高树上休憩的个体。

极北蜓

拉丁学名 *Aeshna subarctica*

分类归属 蜻蜓目 蜓科

本种在北京分布极为狭窄，数量非常稀少，见过它的人屈指可数，是北京最难寻获的蜻蜓种类之一。因其发现记录少之又少，且长期以来产地不明，这种神秘感使其成为近代各个版本“北京蜻蜓名录”当中被虫友所津津乐道的“传说级物种”。它曾被误定为峻蜓*A. juncea*，如今，被订正为极北蜓。

形态描述

大型且绚丽的蜻蜓。雄性复眼蓝绿色，雌性复眼更偏黄绿色。雄性腹部具有许多大小相间的天蓝色斑纹；雌性多型，腹部的碎斑为黄色，或为

♂

♀

与雄性近似的蓝色，同时有褐色与黑色的斑纹、条纹，各色混合，非常绚丽。合胸侧面具有“黄—绿”过渡色的宽条纹。

体长70～76mm。

寻虫指南

本种目前仍是极难在北京见到的特殊种类，其仅有的数次发现记录，大多在8月下半月至9月上半月。已知其在北京的产地仅有喇叭沟门、小龙门、雾灵山三处，推测成虫也应在7月即羽化，但可能隐匿于深山或高空难以发现，直到8、9月之交才来到中、高海拔山区的溪流边巡飞、繁殖。

长痣绿蜓

拉丁学名 *Aeschnophlebia longistigma*

分类归属 蜻蜓目 蜓科

本种为芦苇丛的特色物种，有大面积芦苇丛且多年未改造、破坏环境的地方，几乎一定有本种蜻蜓生存。在上述环境下，5—7月间，可见这种绿色的蜻蜓愉快地飞舞在乱草缝隙间。包括长痣绿蜓在内，北京仅有3种蜓通体以绿色为主色调。本种对环境破坏敏感，因而可作为“环境指示性物种”。一些曾经多见长痣绿蜓的流域，因环境改变已绝迹，余下的本种栖息地已不多，应尽量保护。

形态描述

中大型蜻蜓。复眼、合胸与腹部大部分区域均为绿色，腹部有黑色纵纹。雌雄色彩近似，但雄性腹部两侧色彩更显水青色，视之略微发蓝白；而雌性腹部主色调与合胸同色，整体观感显得更绿。另外，雄性足黑色，具有不明显的黄白色条纹；雌性各足腿节大部分为明显的红色。

体长67～69mm。

寻虫指南

成虫5—7月出现在芦苇丛中，有时也在水边的其他茂密的植物缝隙间缓慢巡飞，或钻在乱草中常时隐时现，6月为发生期高峰，到7月多仅剩老残个体。从高峰期开始，如仔细观察芦苇，有时可见到雌性长痣绿蜓正弯腹刺入芦苇茎秆中产卵

联纹小叶春蜓

别名 膏药、铁铳子

拉丁学名 *Gomphidia confluens*

分类归属 蜻蜓目 春蜓科

本种可能为北京所有春蜓中最为强势的物种，常主动驱赶其他蜻蜓，甚至驱逐大蜓、蜓等大型种类。其飞行速度快，转向迅猛，在其所生存区域，水边和水中最突兀的枝头草秆常被其占据。在一些地方，本种成为绝对优势物种，制霸着水域上空，其末龄幼虫的蜕皮相当密集，足见数量之大。

形态描述

粗壮的大型蜻蜓。具有大多数春蜓的典型黑黄相间条纹，复眼绿色，但偏晦暗。腹末膨大呈梭状，而使整个腹部似箭状。雌性斑纹与雄性近似，但明显较雄性更为粗壮。本种腹末4节（第7～10节）的形态与斑纹，在北京没有近似者，不会与其他春蜓混淆。

体长73～75mm。

♂

♂

摄影／姜科

♀

寻虫指南

本种分布广泛，但其最多见的环境还是近山或山区中、低海拔的开阔水域。本种甚常见停落于水岸相接处的突兀枝头、草杆顶端，或水中挺水植物的尖端。河流、大溪流、水库、池塘中都有，有时数量极多。5—8月皆常见，但初羽化个体多栖息于距离水域较远的山上，约6月中旬开始，在水边其数量才变得极多。

♂

大团扇春蜓

别名 膏药、片儿膏药、铜钱儿

拉丁学名 *Sinictinogomphus clavatus*

分类归属 蜻蜓目 春蜓科

本种为北京城区最常见的春蜓，最喜栖于平原湖泊。因腹部的扇片状结构而独具特色，令人过目不忘。该种也是北京少有的能在平原见到的大型、靓丽的蜻蜓种类。春蜓曾旧称“箭蜓”，即因以本种为代表的一些种类腹末膨大似箭头而得名。

摄影／温雨川

♀

形态描述

极具特色的物种，腹部第8节两侧具有极度扩展的近半圆形片状结构，因此绝不会被认错。雄性腹末的片状结构更大，雌性片状结构略小且腹部明显粗壮。但雌雄色彩近似，均为黑黄相间。

体长69～71mm。

寻虫指南

本种喜静水，在北京的平原大湖常见，于山区流速缓慢的宽阔水域也有。颐和园、圆明园即多见，5—9月可见成虫，山区种群的发生期为6—8月。

艾氏施春蜓

拉丁学名 *Sieboldius albardae*

分类归属 蜻蜓目 春蜓科

本种为北京山区溪流间最常见的春蜓，分布广泛。其喜好的生境不如联纹小叶春蜓那样开阔，但也不喜非常郁闭的阴暗细流。在各大山区景点中，那样暴露在外的溪流里几乎都有本种栖息。

形态描述

后足极长，头部显得很小，此二特征使得本种易于识别。复眼绿色，稍显晦暗，合胸与腹部具有黑黄相间的斑纹。

体长78～81mm。

寻虫指南

本种常见于各大山区景点中暴露的、不被林荫遮蔽的溪流。可沿溪谷在水中和水边的石头上寻找，一般不难找到。6～9月可见成虫。

♂

棘角蛇纹春蜓

拉丁学名 *Ophiogomphus spinicornis*
分类归属 蜻蜓目 春蜓科

本种为北京仅有的3种以翠绿色为主色调的差翅亚目蜻蜓之一，且为其中最绿的。其独有的近乎荧光绿的体色，在北京的70余种原生蜻蜓中独一无二。本种为国家二级保护动物，但有一些更加珍稀或濒危的蜻蜓种类，尚未得到应有的保护，因这种反差，棘角蛇纹春蜓被爱好者戏称为“国二”。

形态描述

中型蜻蜓，头、合胸与腹部前端以极鲜艳的绿色为主色调，该绿色近乎荧光绿，与一般绿色昆虫的体色均不同；腹部后部逐渐变为黄绿色。

体长57～63mm。

导虫指南

本种分布较广，但仅有限的一些地方易见。松山、雾灵山、碓臼峪等地为最适合观察本种的地点。7—9月可见成虫。

♂

长腹春蜓

拉丁学名 *Gastrogomphus abdominalis*

分类归属 蜻蜓目 春蜓科

本种为北京仅有的3种以绿色为主色调的差翅亚目蜻蜓之一，尤其是新羽化数日内的个体，具有非常漂亮的鲜绿色，颜色如某些植物最嫩的萌芽，十分惹人喜爱。长腹春蜓与大团扇春蜓一样，都为独种属，即该属在全世界也仅此一个物种，且形态颇具特色，在春蜓科中没有相似者。本种为中国特有种，曾广布于北京城区各大湿地乃至护城河中，为北京常见蜻蜓，数量很多。如今因环境改变，城区种群或已趋灭绝，虫友苦寻多年也不复得见，北京现仅在低海拔山区的极个别地点有少量种群残存，建议予以保护。

♂

形态描述

头、合胸、腹部均以绿色为主色调，羽化后数日之内的成虫为亮眼的鲜绿色，成熟个体变为黄绿色，老年个体变为略带水青色的苍白色。腹部显长且直，与多数春蜓腹部弧弯、腹末显著膨大的特征不同，观感上即可察觉本种形态的独特性。

体长62～66mm。

寻虫指南

本种原在北京分布较广，但如今仅在白河流域、怀沙河流域、碓白峪等地残存不多的种群。成虫喜开阔静水，因而急流河段不会有。本种出现较早，于5—7月可见；在北京城区原本5月上半月即大量羽化，但如今只在山区有稍大机会寻得，其出现的高峰期推迟到5月底前后始见。

双角戴春蜓

拉丁学名 *Dubitogomphus bicornutus*

分类归属 蜻蜓目 春蜓科

本种在北京山区分布较广，但数量不多，是北京较难观察到的蜻蜓种类之一。值得一提的是，本种以前归属于戴春蜓属，学名为*Davidius bicornutus*，但2019年日本学者苅部治纪（Karube H.）与片谷直治（Katatani N.）共同发表论文，以形态差异将本种移出戴春蜓属，移入物种稀少的*Dubitogomphus*属（早在1990年，中国著名昆虫学家赵修复先生就在《中国春蜓分类》一书中提出：本种形态特殊，与戴春蜓属其他种类均不同，并怀疑其归于戴春蜓属的合理性）。据此，本种的中文名或应新拟，但考虑到“双角戴春蜓”名称已流传广泛，不改名或许也是一种不错的延续。

摄影/Terry Townshend

♂

形态描述

复眼绿色，但显晦暗，合胸、腹部均具有黑黄相间的斑纹，其中腹部第3～9节前端均具有一对黄色斑点，俯视时斑纹两两成对，非常整齐。雌性头顶具有一对尖角状凸起，非常特殊。

体长56～62mm。

寻虫指南

本种在北京山区分布较广，但数量不多，是北京较难观察到的蜻蜓种类之一。6—8月间可在碓臼峪、云蒙山等地沿溪流寻找。

领纹缅春蜓

拉丁学名 *Brunagompus collaris*

分类归属 蜻蜓目 春蜓科

本种在北京的多数地方没有分布，但在少数地方有可观数量。由于体形细小，又常紧贴水面飞行，且仅出没在流速湍急区域，所以其快速飞行的身影常不易被人察觉到。在急流卷起的光影斑驳的水花背景下，斑驳且细小的虫体混于背景中，即使用肉眼非常仔细地观察，也未必跟得上它时隐时现的身影。

形态描述

本种为北京最小型的一种春蜓，雄性小巧玲珑，雌性腹部比雄性粗壮，但体形仍明显显小。复眼翠绿色，合胸与腹部均具有黑黄相间的条纹，其

♂

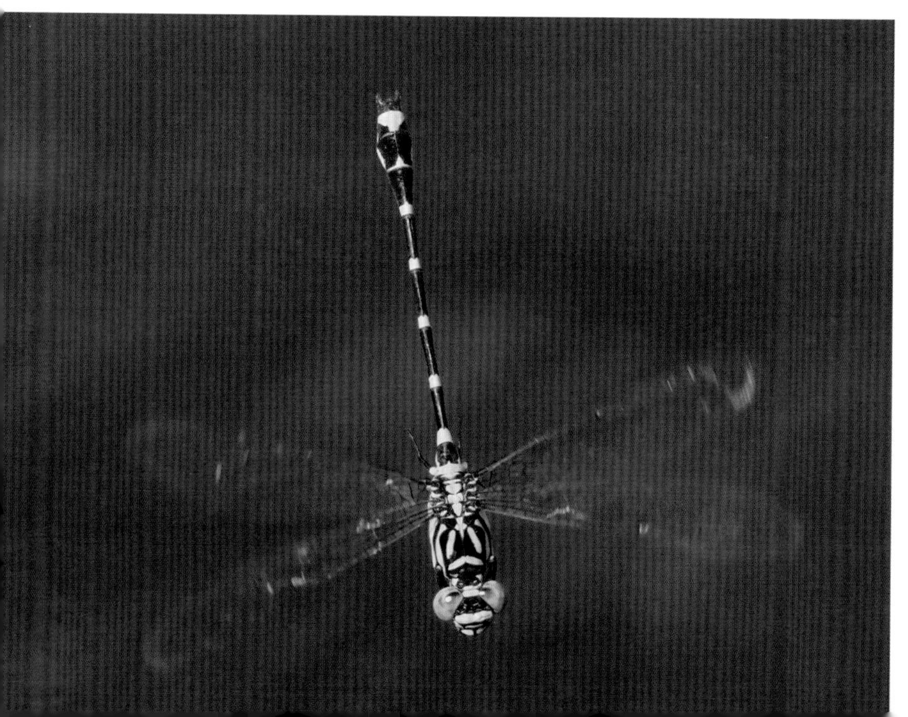

中腹部第9节的黄斑俯视时为近三角形，但部分个体此腹节的黑色与黄色交接的边缘破碎，而令黄斑显得不似整齐的三角形。

体长42～46mm。

导虫指南

本种喜开阔的低海拔急流，白河流域、拒马河流域均有，常贴近水面在极低的空中飞行、悬停。十渡一带具有较多数量，6—8月可见成虫。

环纹环尾春蜓

拉丁学名 *Lamelligomphus ringens*

分类归属 蜻蜓目 春蜓科

本种蜻蜓的复眼呈现一种纯净、迷人的湖蓝色，这种复眼颜色在北京所有蜻蜓中独一无二，在整个春蜓科中也是少见的。它们强烈地“眷恋”着有许多石头露出水面的山区河流和宽阔溪流，这样的环境总与急流相伴，因此本种蜻蜓可归为急流流域特有物种。在这样的水域，有时可看到雌性环纹环尾春蜓反复穿梭急流，于激浪间如投弹般空投产卵的英姿。

形态描述

本种的雄性腹部末端具有两对拔钉钳般的肛附器，其上下交错形成闭环状，极具辨识度；雌性腹部最末端为白色短小尾毛；无论雌雄，复眼皆

♀

为湖蓝色，腹部第3～7节都具有粗大的黄色环纹。

体长61～63mm。

寻虫指南

可于6—9月在山区多石急流环境中寻找本种，水面较大、流量迅猛处尤佳。本种飞行速度快，常突然加速或急转向，在波光掩映下，常突然消失于视野内。但雄性常停落于石块上休息，为最佳观察时机。

马奇异春蜓

拉丁学名 *Anisogomphus maacki*

分类归属 蜻蜓目 春蜓科

本种的雄性令人过目难忘，其高高竖起的腹部如箭指长空，令人觉得是一种行为艺术式的奇异姿势。对于刚入门的昆虫“小白”而言，须提示的是本种的正确断句是“马奇—异春蜓”，而不是“马—奇异春蜓”。这就像“夏洛—特烦恼”并不是“夏洛特—烦恼”。

形态描述

本种的雄性腹部末端强烈膨阔，极具辨识度，其停歇时，常高举腹部，甚至垂直指向天空，此姿态为北京其他春蜓所不常见或不具有的；雌性腹部肥壮，且黄色条纹比雄性更发达。无论雌雄，腹部背面第2～7节正中央

♂

♀

均具有纵贯的黄色极细直线，其细度在北京春蜓种类中独一无二。

体长49～54mm。

寻虫指南

本种见于山区水质较好的开阔河流，从低海拔到中海拔皆有。拒马河流域具有较大数量，常见雄虫长时间停落于河流间和岸边的大石头上，将腹部指向天空。6—9月可见成虫。

西南亚春蜓

拉丁学名 *Asiagomphus hesperius*

分类归属 蜻蜓目 春蜓科

在北京所有关于蜻蜓的记载中，有一传说物种——“卧佛春蜓”，是北京昆虫中的“终极神物”。

1930年，美国昆虫学家詹姆斯 G. 尼登（James G. Needham）仅凭一个雌性成虫发表了该种，其记述产地“京西卧佛寺”被推测即为现今北京植物园内的卧佛寺樱桃沟，其并非栖息于罕见的、人迹罕至的环境和地区中，理应为广布、易见种。但自发表后，后世无数学者、爱好者穷极90年时光，竟再未寻得，该种就显得格外神秘，令人无法理解。

1990年，根据原始描述，昆虫学家赵修复先生将其移入1985年新成立的亚春蜓属，自此，被昆虫爱好者心心念念的“终极神物”名称变为“卧佛亚春蜓”。

2020年6月3日，计云在怀柔区怀沙河偶然拍到一种北京没记录过的春蜓，它是一种亚春蜓，但斑纹与“卧佛亚春蜓”的记载完全不同。经蜻蜓学家张浩淼先生鉴定，本种为西南亚春蜓。至此，我们仍未破解“卧佛

♂

摄影／陈炜

♀

亚春蜓”的秘密，但北京真的存在一种亚春蜓：西南亚春蜓。

形态描述

复眼绿色，合胸、腹部均具有黑黄相间的斑纹，其中腹部第3～6节背面正中央具有黄色细纵纹；第7节前半部都为黄色，或有黑色以破碎不整的边界线渗入黄色区域；第8节腹部背板两侧也为黄色，有些个体的黄黑交界边缘同样破碎不整；第9节背板末端黄色。

体长63～69mm。

寻虫指南

本种多年来“逃过”了近现代的历次科考调查和北京大量昆虫爱好者日常的探索，2020年6月才被发现，计云于怀柔区怀沙河发现它；但根据计云随后调查发现的大量幼虫蜕皮，爱好者张玥智提供了以前收集的网络照片线索，证明同样的蜕皮也见于白河流域、水长城两地。而后，爱好者陈炜于2020年6月30日在白河果然也发现本种雌性成虫。综合自计云发现本种成虫以来的情报，推测本种的固有分布范围，至少覆盖了密云、怀柔山区清澈、开阔的大型河流，但是否还栖息于北京其他地区，尚待进一步调查。在计云的调查中，雄成虫6月3日即已为成熟个体，推测本种出现较早，应在5月即出现，目前确凿能观察到西南亚春蜓的月份是6—7月。

闪蓝丽大伪蜻

别名 膏药

拉丁学名 *Epophthalmia elegans*

分类归属 蜻蜓目 大伪蜻科

闪蓝丽大伪蜻是许多人小时候没能看清楚过的蜻蜓，因其迅猛且持久的飞行能力，它几乎从不落到地面上。其雄性可进行极为长久的巡飞，强烈地驱逐和追击领域内的其他蜻蜓，纵使偶尔停歇，也大多是停落在高树上。虽然在北京城区，“黑黄相间的蜓”都被称作“膏药”，但细心的人还是能发现闪蓝丽大伪蜻、联纹小叶春蜓和大团扇春蜓有这样或那样的不同。

形态描述

大型蜻蜓。复眼翠绿色，合胸、腹部均具有黄色条纹，其中合胸的暗色区域带有强烈的墨绿色金属光泽，可依观察角度和光照条件的变化颜色有所不同——墨绿色或黑色。本种腹部末端具有1个黄色大斑与1条横状黄

♂

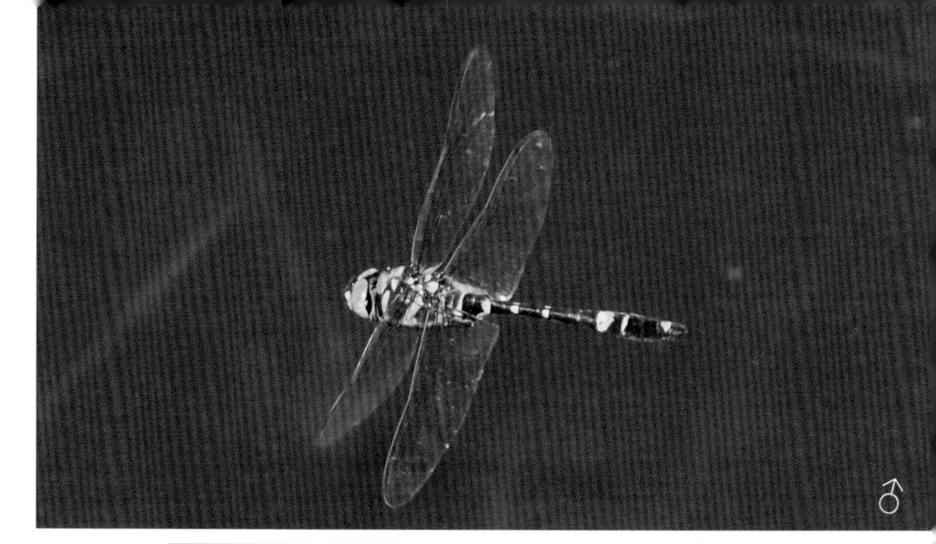

♂

摄影/金洪光

♀

线，可与北京大伪蜻（腹末具有连续2个黄色大斑）或东北大伪蜻（腹末仅1个黄色大斑，无横线）轻松区分。

体长76～82mm。

寻虫指南

本种可见于市区各大公园的湖泊、池塘，于低海拔水库、平原河流的平静流域也多见。本种占据平原水系的上述环境，而山区具有一定海拔的水库与溪流，一般被其他大伪蜻所占据。5—9月可见成虫。

北京大伪蜻

别名 北京弓蜻

拉丁学名 *Macromia beijingensis*

分类归属 蜻蜓目 大伪蜻科

北京大伪蜻是世界上唯二以“北京”命名的蜻蜓之一，首先发现于北京，是2005年才发表的新物种。本种仅见于山区，栖息于洁净的中、低海拔山地溪流，它与闪蓝丽大伪蜻在生境上几乎无交集，但与东北大伪蜻可混生于同一地点。

形态描述

复眼翠绿色，合胸、腹部均具有黄色条纹，其中合胸的暗色区域带有强烈的墨绿色金属光泽，可依观察角度和光照条件的变化颜色有所不同——墨绿色或黑色。本种腹部末端具有2个黄色大斑，可与闪蓝丽大伪蜻

♂

♀

（腹末具有1个黄色大斑，其后有1条黄色横线）或东北大伪蜻（腹末仅1个黄色大斑、无横线）轻松区分。

体长71～75mm。

导虫指南

本种仅见于山区有较好森林环境下的溪流中，虎峪、雁白峪、雾灵山、云蒙山、玉渡山等景区的溪流流域都有栖息。6—8月可见成虫。

东北大伪蜻

别名 东北弓蜻

拉丁学名 *Macromia manchurica*

分类归属 蜻蜓目 大伪蜻科

东北大伪蜻比北京大伪蜻更具有环境适应性，无论是山区溪流还是近山河流，大都有其出没。因此，人们曾经认为北京山区仅此一种大伪蜻，而长期未能发现形态与其近似、在部分地点与其混生在一起的北京大伪蜻。大伪蜻属的多样性可能比人们想象的多很多，北京地区可能还有其他大伪蜻。

形态描述

复眼翠绿色，合胸、腹部均具有黄色条纹，其中合胸的暗色区域带有强烈的墨绿色金属光泽，可依观察角度和光照条件的变化颜色有所不同——墨绿色或黑色。本种腹部末端具有1个黄色大斑，可与闪蓝丽大伪蜻（腹末具有1个黄色大斑，其后有1条黄色横线）或北京大伪蜻（腹末具有2个黄色大斑）轻松区分。

体长70～73mm。

导虫指南

本种分布广泛，见于山区河流、溪流，或近山的河流，无论附近是否森林茂密，但不见于平原静水湖泊、池塘。拒马河流域、永定河流域都有本种栖息，小龙门、百花山、玉渡山等景区及附近较宽溪流也可发现。6—8月可见成虫。

♂

♂

日本金光伪蜻

拉丁学名 *Somatochlora exuberata*
分类归属 蜻蜓目 伪蜻科

金光伪蜻是一类中等大小的蜻蜓，合胸具有强烈的绿色金属光泽，远观黑乎乎，但近看很惊艳。本种曾长期被鉴定为*S. japonica*，故名日本金光伪蜻。但*S. japonica*已被研究确定为更早发表的*S. exuberata*的同物异名，因此其中文名称亦应变更。但日本学者并未弃用*japonica*的名称，而是将其作为*exuberata*的亚种名以“续命”，即*S. exuberata japonica*。因有此分歧，为避免混乱，本种中文名宜暂不更改。

♂

形态描述

复眼翠绿色，合胸暗绿色，具有强烈的金属光泽，同时，依观察角度及光照条件的变化金属光泽有所不同，在纯暗绿色到暗绿色带金光之间变化。本种雄性的一对上肛附器呈夹形，基部相距甚远而端部相互并拢；雌性的下生殖板极长，以此，可与山西金光伪蜻区分开来。

体长51～55mm。

寻虫指南

本种在北京山区中等海拔的池塘和溪流广泛分布，在流速缓慢处可有较大数量，其生存环境可能对森林要求较高，水域周边需要有茂密的森林。6～9月可见成虫。

♂

山西金光伪蜻

拉丁学名 *Somatochlora shanxiensis*

分类归属 蜻蜓目 伪蜻科

以往的北京蜻蜓名录中，除日本金光伪蜻以外，所记载的另一种金光伪蜻是格氏金光伪蜻*S. graeseri*。但是根据雄性肛附器形态，北京所记载的“格氏金光伪蜻”，与真正的格氏金光伪蜻相差较大，而与1999年发现于山西的新物种山西金光伪蜻*S. shanxiensis*高度吻合，腹部斑纹也完全相同。蜻蜓学者张浩淼在与笔者的私人通信中指出，北京的个体明显比东北地区的格氏金光伪蜻大，但与山西金光伪蜻体形一致。综合上述信息，笔者所见过的北京所产本种金光伪蜻，均非格氏金光伪蜻，暂定为山西金光伪蜻。至于北京到底有没有真正的格氏金光伪蜻，尚待研究。

♂

形态描述

复眼翠绿色，合胸暗绿色，具有强烈的金属光泽，同时，依观察角度及光照条件的变化金属光泽有所不同，在纯暗绿色到暗绿色带金光之间变化。本种雄性的一对上肛附器呈叉形，基部并拢而端部相距渐远；雌性的下生殖板短小，以此，可与日本金光伪蜻区分开来。

体长52～55mm。

寻虫指南

本种见于北京山区中等海拔的一些池塘和溪流，如云蒙山、松山、雁白峪、虎峪，其生存环境可能对森林要求较高，需要水域周边有茂密的森林。6—9月可见成虫。

缘斑毛伪蜻

拉丁学名 *Epitheca marginata*

分类归属 蜻蜓目 伪蜻科

这是一种少有的早春蜻蜓。在未被城市热岛效应所增温的地方，本种为仅次于低斑蜻、出现第二早的差翅亚目蜻蜓。每年，在大多数蜻蜓刚刚登场时，本种已经基本过季了。如其“虎斑”状的外表，本种体形虽小，却较为强势，雄性会主动驱逐、追击领地内的其他蜻蜓，包括大型种类。雌性会将卵排出全部悬于腹末，再投入水中。

形态描述

复眼翠绿色，合胸、腹部均具有黑黄相间的斑纹。腹部第1～8节具有黄斑，其中第3～8节侧方的黄斑几乎一样，看上去非常整齐。体具绒毛，

♀

其中合胸与头部的苍灰色直立毛非常明显。有些雌性个体的翅前缘带有黑条状斑纹。

体长52～54mm。

寻虫指南

本种见于北京平原湿地和近山河流、水库，要在静静的水面上才能找到，因此其多见的水域有时接近死水，伴随着一定的富营养化，浮萍覆盖整个水面。在河流环境中，其仅出没于流速缓慢的地方。4—7月可见成虫。

低斑蜻

拉丁学名 *Libellula angelina*

分类归属 蜻蜓目 蜻科

本种曾是北京最早出现的差翅亚目蜻蜓，4月初即欢快地飞翔于城区湿地。本种也曾为北京常见蜻蜓之一，但因未知原因（推测为气候变暖），其在21世纪初数量剧减，一度成为北京“踏破铁鞋无觅处”的最少见的蜻蜓之一。

大约在2006—2015年，人们注意到曾经常见的低斑蜻在北京几乎消失了，由全国的蜻蜓专家与众多爱好者组成的寻找队伍先后踏遍了北京的湿地，努力地寻找，却多年来仅偶见一二，并且曾连续几年无人能够找到任何一只低斑蜻。同时，本种在其他历史产地（我国东部：北京到安徽省一线），包括在环境保护工作极佳的日本，也持续减少，以至于在“世界红色物种名录”中，被评为“极危”物种，比大熊猫的濒危等级还高，仅次于两个灭绝等级。

戏剧性的“起死回生”发生在2015年前后，低斑蜻突然在北京一些新建的或人工修复的“新湿地”里，逐步恢复种群，甚至在个别地点有可观数量。尽管略有恢复，但其远未恢复到历史上的繁荣程度，建议对本种及其栖息地进行保护。

形态描述

雄性黑褐色，雌性黄褐色，腹部背面中央具有1条纵贯的黑色条纹。翅基部、中部、端部各具有黑斑，但因斑与体色接近，翅基部的斑纹远观不明显，好像四翅上仅有8个斑，其实有12个；但少数个体翅斑不发达，翅中部的斑消失，因此远观似乎仅翅端有斑。

体长38 ～ 43mm。

寻虫指南

本种原广布于北京的平原湖泊、池塘、静水河流，但现今仅少数经生态修复工程而恢复或人工新建的湿地可见，数量较少。其通常安静地落在挺水植物间，体色和斑纹使其有一定的隐蔽性，尤其是飞行时或停落于斑驳、暗色环境时，很难被发现。3—5月可见成虫。

如读者幸运地发现本种，请仅观赏，勿捕捉，也请不要公开其生存地点。

小斑蜻

拉丁学名 *Libellula quadrimaculata*

分类归属 蜻蜓目 蜻科

小斑蜻是2017年才发现的北京新记录物种，由蜻蜓爱好者陈炜与张玥智等人分别发现于相距甚远的几个不同地点。其连续3年均有确凿可靠记录，因而应为北京的本土固有物种，但因数量很少，且与低斑蜻略相似，而迟至2017年才被发现。

本种在北京虽然可能比低斑蜻还少见，但因其在内蒙古、新疆和国外一些地方数量非常巨大，故而暂时没有濒危与灭绝之忧，因此对它的保护意义远远不及保护低斑蜻重要与急迫，因为低斑蜻几乎在各地都日渐式微。

摄影/陈炜

♀

形态描述

雌雄色彩与斑纹几乎完全一样，略似低斑蜻的雌性，但腹部背面中央的黑色斑纹仅存在于腹末，不像雌性低斑蜻那样纵贯腹部。本种的色彩明朗清晰，以黄褐色为主，腹部第2～9节各节侧缘缀以明黄色斑纹；翅上的斑纹通常很小，但有些个体斑纹也发达如低斑蜻；前翅基部无黑斑，仅发黄，后翅基部有黑斑，此亦与低斑蜻不同。

体长42～47mm。

寻虫指南

本种在北京数量极少，近几年来，仅密云区石城镇、延庆区妫水河流域等极少数地点有记录，推测本种和仅见于平原的低斑蜻相比，更喜稍具海拔的生境。根据一些目击报告，在低斑蜻出没的地方，本种亦混在其中，因而可能在北京城区的湿地亦有小概率见到。4—5月可见成虫。

黄蜻

别名 小黄儿（♀）、红辣椒儿（♂）

拉丁学名 *Pantala flavescens*

分类归属 蜻蜓目 蜻科

本种是北京最常见的蜻蜓，也是罕有的“广布于除南北极外所有大陆地区的物种”，适应力极强，可繁殖于北京一切静水环境。本种也是许多北京孩子童年里最熟悉的一种蜻蜓，不少北京孩子都有用捕虫网、大扫帚乃至挥舞上衣逮蜻蜓的经历，其中最容易被捉到的即为本种的雌性“小黄儿”。过去曾常见成千上万黄蜻于雨前成群低飞的场景，亦常见日暮时分每棵小松树或枯树上停落几十只黄蜻的场景。许多人或会怀念，趁着天黑偷偷从小树上捏下大把蜻蜓塞满指缝的回忆。

形态描述

体黄褐色，但雄性腹部背面红色，雌性腹部具有斑驳的花纹，雌性腹部中央的一列黑纹比雄性明显。雌性翅痣黄色，雄性翅痣红色。复眼上部

♀

颜色暗红，下部颜色蓝灰。足黑色。

体长 49 ~ 50mm。

寻虫指南

本种多见于北京平原任何水域，无论湖泊、池塘、沟渠、河流，甚至雨后的水洼都可见；同时，在山区也遍布各地，但不如平原密集。有时可遇见黄蜻成群捕食的场景，几十、几百只聚于一处久久盘旋穿梭。本种的交尾均在空中完成，因此其雌雄联结姿态，须在空中寻找、观察。4—10月可见成虫。

红蜻

别名 小黄儿（黄色型♀）、红辣椒儿（♂、红色型♀）

拉丁学名 *Crocothemis servilia*

分类归属 蜻蜓目 蜻科

北京相当常见且分布广泛的一种蜻蜓，“翘尾立于荷花上的红蜻蜓”一般就是本种。北京人将一系列腹部火红色的蜻，都叫作“红辣椒儿”或“红秦椒儿”，但其实其中包括多种以红色为主色调的蜻科种类。除黄蜻的雄性外，最常被称为“红辣椒儿”的，就是红蜻的雄性和红色型雌性。而红蜻中最常见的黄色型雌性，会被一些人误认为是黄蜻，也将它俗称为“小黄儿”。其实，红蜻与黄蜻不只花纹、体形不同，停落的姿势也不同，容易区分。

♂

形态描述

雄性通体红色；雌性常见黄色型，通体黄色，大部分个体腹部背面中央具有纵贯的黑色细线；另有红色型雌性，通体红色，但红色程度比雄性或多或少地淡些。翅透明，基部具有橙色斑，翅前缘也显橙黄色；雌性有时整个翅都呈很浓重的橙黄色。

体长44～47mm。

寻虫指南

本种多见于北京平原地区水草茂盛的湿地，并喜停落在草尖上，在池塘与缓速河流边都常见。本种于山区仅低山常见，中海拔罕见，高海拔没有。4～10月均可见成虫。

♂

白尾灰蜻

别名 ♂：灰儿、老灰儿、小灰儿

拉丁学名 *Orthetrum albistylum*

分类归属 蜻蜓目 蜻科

这是大多数人童年记忆中相当平庸的蜻蜓，平庸的原因是其颜色不鲜艳，以及过于常见。在北京所有的灰蜻中，本种是数量最多、环境适应性最强的一种。

♀

形态描述

雄性体被灰白色、略发蓝色的粉霜，唯腹部第7～10节露出黑色本色，其余身体斑纹被粉霜遮盖，最多隐约可见腹部的黄、白、黑三色条纹；雌性有与雄性相似者，更常见的为体无粉霜者，露出黄、白、黑三色条纹，但老年雌性多少都会长出一些粉霜。无论雌雄，腹部背面最末端均为白色，故名“白尾灰蜻”。

体长50～56mm。

寻虫指南

本种多见于北京低海拔静水水系，湖泊、池塘、沟渠、水流不急的河流均有大量，在岸边石头上、地面上常见其停歇。在中等海拔山区也能见到。建议在市区公园的池塘观察即可，不必舍近求远。4—10月均可见成虫。

线痣灰蜻

别名 ♂：灰儿、老灰儿、小灰儿

拉丁学名 *Orthetrum lineostima*

分类归属 蜻蜓目 蜻科

本种为小巧玲珑的灰蜻，虽然也是数量庞大，但几乎仅见于山区，对环境的适应性不如白尾灰蜻强，因而只能算北京第二常见的灰蜻种类。值得一提的是，其“线痣”特征并非独有，按此特征辨认，本种雄性易与天蓝灰蜻混淆，但天蓝灰蜻翅尖非褐色，且体形略大。

♂

♀

形态描述

体形较小的灰蜻，明显小于白尾灰蜻。雄性体被灰白色、略发蓝色的粉霜；雌性体色为很淡的黄色，腹部的黄色区域被发达的黑纹所分隔。无论雌雄，翅尖端略褐色；翅痣半黑半黄，好像在翅痣中画了一条线，故名“线痣”。

体长41～45mm。

寻虫指南

本种多见于北京低海拔到中海拔山区水草丰茂的水域。永定河流域、拒马河流域尤其多，像虎峪、碓臼峪这样的山地溪流环境也易见。5—9月可见成虫。

异色灰蜻

别名 ♂：灰儿、老灰儿、小灰儿、铁灰儿；♀：小老虎儿

拉丁学名 *Orthetrum melania*

分类归属 蜻蜓目 蜻科

本种灰蜻雄性所被粉霜灰中发蓝，雌性的黄色也较鲜艳，是一种相对好看的灰蜻。本种为北京第三常见的灰蜻，仅近山和低山地带较易见。除白尾灰蜻、线痣灰蜻、异色灰蜻外，北京其余灰蜻属种类均少见或分布范围很狭窄。

形态描述

体长与白尾灰蜻相仿，但因粗壮而显得更大。雄性合胸和腹部前7节被灰中发蓝的粉霜覆盖，腹末完全黑色；后翅基部具有明显黑斑。雌性合

♂

摄影／陈炜

胸与腹部前6节均为黑色与鲜艳的黄色交替分割的斑纹；腹末黑色，但尾毛白色；翅无黑斑。

体长51～55mm。

寻虫指南

本种大多栖息于北京低海拔山区和山脚下的池塘、湖泊、水库、沟渠。其数量远不及白尾灰蜻与线痣灰蜻多，较容易观察到的地点首推北京植物园。6～8月可见成虫。

天蓝灰蜻

拉丁学名 *Orthetrum brunneum*

分类归属 蜻蜓目 蜻科

本种灰蜻为2017年7月17日由蜻蜓爱好者张玥智在喇叭沟门发现的北京新记录种。雄性易与线痣灰蜻混淆，但本种体稍大、翅尖不为褐色。

形态描述

雄性合胸和腹部被灰白色、略发蓝的粉霜。雌性体色为黄褐色，大部分腹节的背面中央、侧缘、端缘都被黑色细线所装饰，中间几个腹节背板靠近端缘处还有一对很小但清晰的黑点；老年雌性的腹部或多或少地覆灰白色粉霜。无论雌雄，翅均透明无斑，翅痣均为黑黄二色。

体长41 ~ 50mm。

♂

♀

导虫指南

本种见于溪流、沟渠环境，目前仅发现于喇叭沟门、碓臼峪等极少数地点。7—8月可见成虫。

粗灰蜻

拉丁学名 *Orthetrum cancellatum*

分类归属 蜻蜓目 蜻科

本种灰蜻为陈尽等蜻蜓爱好者于2006年在北京发现的新记录种，在北京山区数量稀少，不易见到。其与北京其他灰蜻最主要的区别是：多数个体的合胸生有大量灰白色的直立绒毛。雌性腹末的尾毛为黑色。无论雌雄，翅尖与翅基无任何黑斑或黑褐色晕染。

形态描述

雄性合胸和腹部被灰白色、略发蓝的粉霜，腹末三节黑色，仅年老时粉霜扩展到腹末；雄性复眼颜色不似多数灰蜻种类的亮蓝灰色，而是颜色晦暗。雌性体色为黄色，合胸与腹部具有黑纹，尾毛黑色。翅透明，无黑斑。

体长44～52mm。

♂

摄影／温雨川

♀

寻虫指南

本种在北京数量很少，笔者仅知密云白道峪、延庆松山至兰角沟一带可见。其喜山间水库和池塘。6—8月可见成虫。

异色多纹蜻

别名 ♂与灰色型♀：灰儿、小灰儿；橙色型♀：小老虎儿、小黄金

拉丁学名 *Deielia phaon*

分类归属 蜻蜓目 蜻科

本种蜻蜓常见，但体色多样，人们通常难以将其雌性和雄性正确地联系在一起。不少人把本种体被粉霜的个体与白尾灰蜻混淆，在北京老话中都称作“灰儿”；而本种有一部分橙色型雌性，又易与一些赤蜻或异色灰蜻雌性混淆，所以一些人将这些具有类似虎皮斑纹状配色的蜻蜓都混称为“小老虎儿”。

形态描述

小巧玲珑的蜻。雄性合胸与腹部被灰白色粉霜覆盖，远观纯灰或灰黑色。雌性多型，有些与雄性相似，但粉霜覆盖程度稍浅，能隐约看到其合胸与腹部原本的斑纹，称灰色型；部分雌性为橙色型，比较靓丽，体无粉霜，

♂

合胸与腹部均暴露出非常鲜艳的黄黑相间条纹，同时，翅或多或少为红色，有些个体的翅色非常鲜艳；还有些橙色型雌性，其红色翅膀中部各具一个黑斑，有人称之为斑翅型。

体长40～42mm。

寻虫指南

本种在北京平原地区水草丰茂的池塘与湖泊甚常见，在低海拔山区的河流、溪流、水库、池塘也有。龙潭湖、圆明园、北京植物园等公园内相当易见。6—9月可见成虫。

玉带蜻

别名 三半截儿、白/黄圈儿、白/黄腰儿

拉丁学名 *Pseudothemis zonata*

分类归属 蜻蜓目 蜻科

配色独特而绝不会被认错的蜻蜓，“腰部”有白色或黄色的一段斑纹，而身体前部、后部均以黑色为主色调，因此本种在北京部分地方有“三半截儿”的俗称。值得注意的是，本种具有“白腰”的是雄性，但具有“黄腰”的不一定是雌性。那些在水面低空巡飞的，绝大部分都是雄性，雌性则喜在高空捕食。

形态描述

复眼颜色暗淡，体大部为黑色。成熟雄性腹部第2～4节为白色；雌性此区域则具有大面积的黄色斑纹，但不为纯黄色；雄性未熟个体此区域为与

雌性相似的黄色；雌性合胸及腹部第5～7节也具有鲜艳的黄色条纹。无论雌雄，后翅基部都有黑斑，各翅翅尖也染黑褐色。

体长44～46mm。

导虫指南

本种在北京平原地区水草丰茂的、年代久远的池塘、湖泊、静水河流甚常见，龙潭湖、转河、圆明园、颐和园、北京植物园等地即有极多数量。6—10月可见成虫。

黑丽翅蜻

别名 黑锅底、黑老婆儿
拉丁学名 *Rhyothemis fuliginosa*
分类归属 蜻蜓目 蜻科

外观独特的蜻蜓，虽然与两种色蟌共享“黑老婆儿”的俗名，但多数人并不会错认本种。本种飞行缓慢而摇曳，以不断转向的飘飞为主要飞行方式，并较喜高飞。于地面仰视飘飞的本种时，因其翅膀宽大、飞行缓慢，有时会被误认为是蝴蝶。虽然身体黝黑，但若观察角度得当，其翅上的虹彩可令本种竞选北京最靓丽蜻蜓的桂冠。

♂

♂

形态描述

身体短小，但因翅面异常宽大而并不显小。本种除了前翅的端半部和后翅的翅尖外，全身大部分为黑色，有些个体合胸和腹部有显著的雾霾蓝色粉霜。翅面的大面积斑纹，尽管远观为黑色，但在特定角度下近观，具有非常绚丽的七彩色——这种色彩为干涉虹彩，随光照、观察角度变化而变化，因而，同一个体在不同角度下观看，其颜色七彩流转、变幻无穷。

体长31～36mm。

寻虫指南

本种在北京平原地区水草丰茂的、年代久远的池塘、湖泊、湿地有分布，但数量不多。6—8月可见成虫。

黑赛丽蜻

拉丁学名 *Selysiothemis nigra*

分类归属 蜻蜓目 蜻科

本种是北京难得一见的稀少种类，2016年6月2日由自然爱好者陈炜在圆明园首先发现，时为北京新记录物种。本种为又小又晦暗的蜻，在北京的蜻科种类中，可能是颜色最不悦目的，但却非常特殊：该属为一独种属，全世界仅此一种。

形态描述

虽为中型蜻蜓，但在北京的蜻科中明显为小型种类。雄性体黑色，合胸带深褐色的斑纹与白色长毛，但远观为纯黑色；雌性为暗黄褐色，有黑色条纹，合胸有白色长毛，但远观为暗黄褐色。

体长30～38mm。

♂

摄影/陈炜

摄影／陈炜

♀

本种数量极为稀少，出没行踪不定，因而很难被发现。北京地区本种的固定产地目前仅圆明园，玉渊潭公园也曾有过记录。另据国内观察过本种的蜻蜓爱好者提供观察经验：本种的出现有一定随机性，甚至可在周边无任何水环境的奇怪地点出现，因而，是否能发现本种或许与寻虫者的运气有关。6—8月可见成虫。

竖眉赤蜻

别名 小辣椒儿（♂）、小老虎儿（♀）

拉丁学名 *Sympetrum eroticum*

分类归属 蜻蜓目 蜻科

本种为北京最常见的赤蜻之一，尽管通常不密集出现，但似乎各处都能见到。赤蜻雌雄色差差异大，雄性未熟个体与成熟个体色彩差异也大。本种体色变化在北京的所有赤蜻种类中也属最大的，连其标志性的“竖眉”都或有或无，故而，不能仅以“是否有竖眉”来辨别本种。

形态描述

较小的赤蜻，体形小巧玲珑。雄性成熟个体腹部为鲜艳的红色，未熟个体为橙色到橙红色；合胸从黄褐色具有黑褐色纹，到完全黑褐色亦有个体差异。雌性为黄色，腹部的黄色偏橙，并有显著的黑纹，有些个体的腹部背面为深棕色；大部分雌性翅端为黑褐色，但也有些个体翅端透明。雄性的上肛附器向上强烈弯翘，在北京所有赤蜻中独一无二；雌性的合胸色

♂

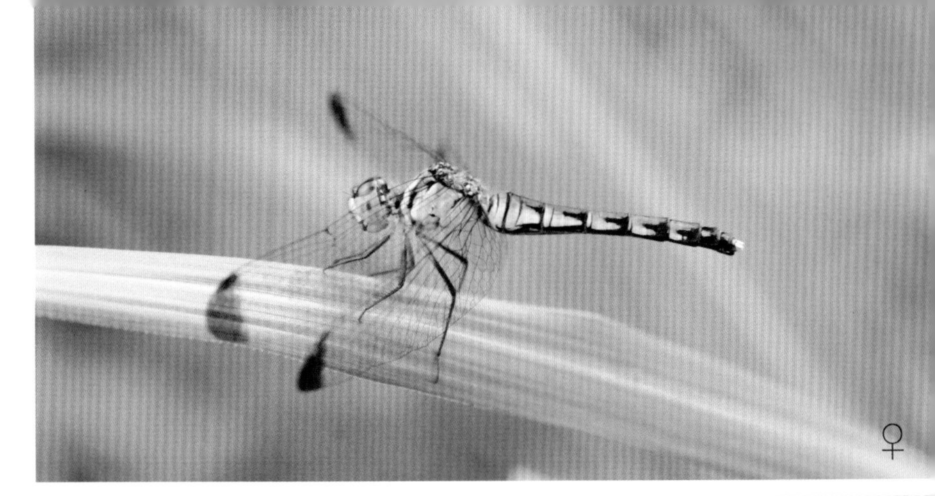

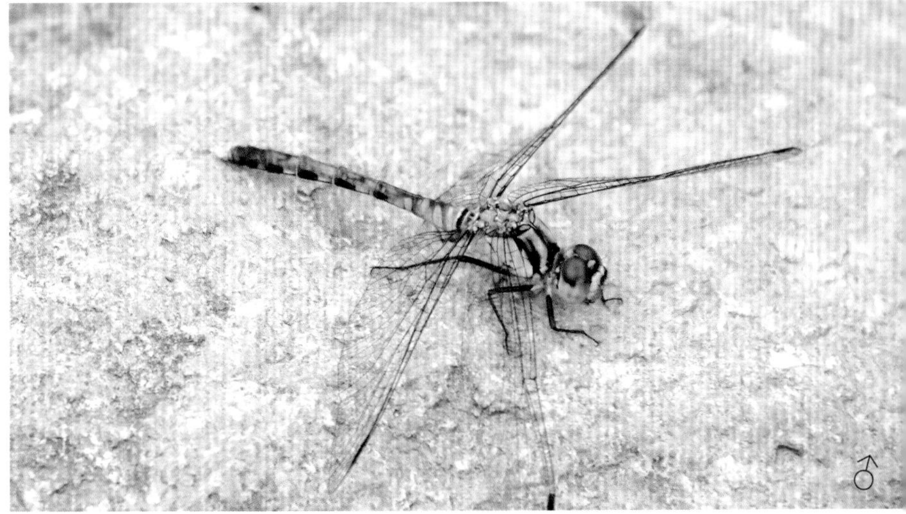

彩在北京所有赤蜻中也是独一无二的，此为识别要点。

体长33～40mm。

寻虫指南

本种几乎可见于除高海拔以外的任何地点，在水边和山林中均不时见到。其常停落在草叶或枯枝上，雄性在被惊扰或主动追打其他蜻蜓时，常仅略飞出不远，情况稍有缓解便又落回起飞前的位置，因此有较多的观察机会。6～10月可见成虫。

方氏赤蜻

别名 红辣椒儿（♂）

拉丁学名 *Sympetrum fonscolombei*

分类归属 蜻蜓目 蜻科

北京最常见的赤蜻之一，从山区到城区公园里都有，但通常并不密集。本种雄性的合胸色彩非常漂亮，是北京所有赤蜻中合胸色彩最斑斓的种类。

形态描述

中型蜻蜓。雄性为鲜艳的红色，合胸具有黄色、黑色、雾霾色等颜色混搭的条纹，腹部具有黑色条纹；雌性为黄色，合胸与腹部具有黑色条纹。无论雌雄，腹部背面中央的条纹均仅见于第8、9节，其余节的黑色条纹均在侧面和腹面。

体长35～41mm。

♂

♀

寻虫指南

本种更常见于山区，碓白峪、虎峪、小龙门等地均常见；城区部分水草丰茂的湖泊与湿地也有，如圆明园。6—10月可见成虫。

条斑赤蜻

别名 红辣椒儿（♂、红色型♀）

拉丁学名 *Sympetrum striolatum*

分类归属 蜻蜓目 蜻科

北京最常见的赤蜻之一，从山区到城区都有，且通常数量巨大，密集分布。本种与普赤蜻极易混淆，二者仅雄性肛附器、雌性下生殖板显著不同，其他处几乎没有显著区别。因此，不细看微观结构而分辨二者是困难的，但在北京，条斑赤蜻数量远多于普赤蜻。

形态描述

中型蜻蜓。雄性腹部为鲜艳的红色；雌性分为红色型和黄色型：红色型腹部背面中央可以非常鲜红，似雄性，但腹部侧方和下方为黄白色；黄色型腹部黄褐色到橙黄色。本种合胸色彩随年老逐渐变为锈褐色，但雄性年轻个体具有红褐色与黄褐色相间的宽条纹，比较鲜艳。无论雌雄，四翅

♂

前缘的一些翅脉都为金黄色到橙红色。

体长36～45mm。

寻虫指南

本种在城区的河流、池塘、湖泊均常见，在中、低海拔山区的溪流、水库、池塘也遍布，且数量极大，部分地点相当密集。凉水河、永定河和一些公园中就有很多。6～10月可见成虫，城区中的种群可存活至11月中旬。

♂

普赤蜻

别名 红辣椒儿（♂）

拉丁学名 *Sympetrum vulgatum*

分类归属 蜻蜓目 蜻科

本种在北京其实分布广泛，从山区到城区都有，但因本种与扁腹赤蜻极为相似，二者仅雄性肛附器、雌性下生殖板显著不同。因此，就连“中国昆虫爱好者论坛”时代的“蜻蜓版主”们，都从未分辨出北京有本种。直到2018年，才由蜻蜓爱好者安起迪辨认出本种，为当年的北京新记录蜻蜓种类。

♀

形态描述

中型蜻蜓。雄性成熟个体与年老个体腹部为鲜艳的红色，合胸锈褐色，与条斑赤蜻极相似；雌性黄色或黄褐色，合胸与腹部具有黑斑，与条斑赤蜻的黄色型雌性也是极为相似。雄性年轻个体合胸色彩比较鲜艳。无论雌雄，四翅前缘的一些翅脉都为全黄色到橙红色。本种与条斑赤蜻最显著差异是：雄性下肛附器比条斑赤蜻短而弯；雌性下生殖板尖长，好像腹下方凸出一个尖锥，而条斑赤蜻雌性下生殖板较低平。

体长35 ~ 40mm。

寻虫指南

本种在永定河河畔、碓臼峪、雾灵山等远、近郊区均有发现，推测在郊区和山区广泛分布，或混于大量条斑赤蜻中。宜借助相机或望远镜放大观察停落个体，或捕捉后再行辨认。计云在6—9月见过成虫，但也许与条斑赤蜻相似，10月仍能见到。

扁腹赤蜻

别名 大陆秋赤蜻、红辣椒儿（♂、红色型♀）

拉丁学名 *Sympetrum depressiusculum*

分类归属 蜻蜓目 蜻科

本种在北京分布广泛，从山区到城区都有，分布海拔也较广泛。由于雌雄差异和体色多变，本种的不同个体可能会被误认为多种不同的赤蜻。其与普翅蜻较难区分，需观察生殖结构才能准确区别。

形态描述

中型偏小的蜻蜓。雄性成熟个体与年老个体腹部为鲜艳的红色，合胸锈褐色；雌性多型：橙色型腹部背面中部为橙红色，有时鲜艳，似雄性；黄色型雌性黄褐色。本种腹部的黑斑常较浅、若隐若现，但腹部第8、9节

♂

摄影/陈炜

背面中央的黑斑较浓重。额侧面与复眼相接处或多或少地具有黑斑。

体长27～40mm。

寻虫指南

本种在北京郊区和山区分布广泛，但数量较少，不易见。妫水河流域、雾灵山低海拔沙河流域、上庄水库、汉石桥湿地、北京植物园均有记录。6－10月可见成虫。

黄基赤蜻

别名 红辣椒儿（♂）

拉丁学名 *Sympetrum speciosum*

分类归属 蜻蜓目 蜻科

粗壮的赤蜻。雄性非常艳红，几乎通体都是红色的，同时后翅基部具有黄斑，因而有人将它与红蜻相混淆。但本种合胸具有粗大的黑纹，足黑色，翅痣黑色，并且停落时并不高举腹部朝向天空，以上特点均与红蜻迥异。

形态描述

无论雌雄，后翅基部均具有一块较大的橙黄色区域。雄性体红色，雌性体黄褐色。无论雌雄，合胸侧面均具有2条很宽的黑纹，腹部腹面具有大

量黑纹，翅痣也为黑色。雌性腹部背面以纵向的黑纹为分界线，分界线内侧橘黄色，外侧即腹部边缘黄色。

体长40～45mm。

导虫指南

本种在北京山区或近山的静水水域栖息，如北京植物园、松山、虎峪、黑龙潭等地的池塘和水库；平原地区也有记录，但数量稀少。6—9月可见成虫。

小黄赤蜻

别名 小辣椒儿（♂）、小老虎儿（♀）

拉丁学名 *Sympetrum kunckeli*

分类归属 蜻蜓目 蜻科

北京最小的蜻之一。在北京的赤蜻中，没有本种的相似种，唯竖眉赤蜻与之略似，但本种体形小，合胸花纹丰富又清晰，且上肛附器向上弯翘程度不及竖眉赤蜻。本种雌性合胸上的黑纹比竖眉赤蜻发达得多，但腹部黑纹比竖眉赤蜻弱。

形态描述

体形小巧玲珑，无论雌雄，合胸花纹均很发达，腹末端白色，雄性腹部红色，雌性腹部为鲜艳的黄色，雌雄腹部侧面均具不太发达的黑纹。本

♂

摄影／陈炜

摄影/陈炜

♀

种的翅痣很有特色，两端白色而中间黑色，在北京的赤蜻种类中独一无二。成熟雄性的额为水青色，在北京的赤蜻中也独一无二。

体长 29 ~ 40mm。

寻虫指南

本种在北京低海拔地区挺水植物生长茂盛的静水水域栖息，如上庄水库、圆明园、颐和园、奥林匹克森林公园、海淀公园等。6—10月可见成虫，但本种出现较晚，8月末才开始多见。

♂

半黄赤蜻

别名 红辣椒儿（♂）
拉丁学名 *Sympetrum croceolum*
分类归属 蜻蜓目 蜻科

翅膀斑纹颇具特色的种类，因翅上的橙黄色区域合起来，恰好约占翅面面积的一半，故名“半黄”。本种出现较晚，亦存活到较晚的月份。在北京山区的晚秋，本种常为优势种类，也成为了黄基赤蜻消亡后，整体显得最红的一种赤蜻。

♀

形态描述

无论雌雄，各翅基部、端部和前缘，均为橙黄色到橙红色。雄性体红色；雌性体橙色，腹部背面中部为黄褐色或橙红色，两侧为黄橙色，腹侧略有模糊的黑斑。无论雌雄，合胸上均无任何明显的深色条纹。

体长37～48mm。

寻虫指南

本种在北京山区溪流、河流流域的开阔、缓流水域常见。雁白峪、拒马河流域、永定河山区段、密云清水河流域、门头沟清水涧、松山等地均多见。7—10月可见成虫，8月以后较多。

摄影/姜科

♂

大黄赤蜻

拉丁学名 *Sympetrum uniforme*

分类归属 蜻蜓目 蜻科

北京最少见的固有物种之一，在北京没有任何数量可观的稳定发现地点，多年来仅有极少数人偶见一两只。根据其他省大黄赤蜻多发的生境推断，本种在北京的最理想生境或是连绵的平原大水泡，这种环境过去在北京南部遍布，如今已不存在。

形态描述

雌雄相似，均为通体黄色，不鲜艳，但通体着色。本种四翅完全黄色，着色均匀，与半黄赤蜻的斑驳翅色十分不同。本种雄性无论多么年老，也不显出任何红色，始终和雌性同色，这在所有赤蜻中，也是独具一格的。在北京所有蜻蜓种类中，唯红蜻的雌性与本种相似，但红蜻腹更宽，腹部背面中央有黑色纵线；即使翅面全黄的个体，其翅基也明显具有更深的橙色斑，可与本种轻易区分。

体长 42 ～ 47mm。

寻虫指南

本种在北京没有任何必见的地点，见到本种纯属幸运。目前仅怀柔水库、北京植物园、密云水库、沙河水库等极少数地点有零星或一次记录。

褐带赤蜻

拉丁学名 *Sympetrum pedemontanum*

分类归属 蜻蜓目 蜻科

本种因翅膀的独特斑纹而不会被错认，是北京赤蜻属中非常美丽的种类。

北京另有“褐顶赤蜻”的记录，出现在1992 年的《樱桃沟自然保护区昆虫名录》中，该种翅尖褐色，与褐带赤蜻差异很大。该褐顶赤蜻记录很可能为对竖眉赤蜻的错误鉴定。

形态描述

无论雌雄，翅近端部均具有一条褐色的宽大条纹。雄性体红色，翅痣也为红色；雌性体黄褐色，翅痣白色。无论雌雄，腹部第8、9节背面中央均具有黑斑。

体长36 ～ 42mm。

寻虫指南

本种在北京数量不多，北京植物园、喇叭沟门、野鸭湖有记录，7—10月可见成虫，本种赤蜻出现较晚，一般在8月数量才多起来。

黑赤蜻

拉丁学名 *Sympetrum danae*

分类归属 蜻蜓目 蜻科

本种的形象在赤蜻中也很是特别，其雄性随着成熟不但不会越来越红，反而会越来越黑。本种为2018年9月12日由蜻蜓爱好者安起迪在北京西六环附近的永定河流域发现，是北京新记录物种。当时有人认为该物种可能是迷蜻或随水草（生态修复工程）而外来的零散个体，但随后每年都在该流域稳定发现本种繁殖种群，也在别处有零星发现，故可确定本种为北京固有少见种，或已成为北京稳定生存物种。

摄影/温雨川

♀

形态描述

北京最小的蜻之一。雄性以黑色为主色调，合胸、腹基部具有橙色斑纹，有时腹部第8节或第7、8两节也具有微小的橙色斑；但所有这些橙色斑，随着雄性年老，最终趋于全部变黑；翅透明。雌性以黄色为主色调，合胸、腹部侧面与腹面、腹末端背面都具有相当粗大的黑纹；后翅基部有小面积的橙色斑。无论雌雄，合胸、腹基部、腹部腹面均生有白色直立长毛。

体长29 ~ 34mm。

寻虫指南

本种在北京目前仅西六环附近的永定河流域有稳定种群记录，数量尚可，但在其他地点都为零星偶见。目前成虫发现于8—9月，实际生存期可能更长。

华斜痣蜻

拉丁学名 *Tramea virginia*

分类归属 蜻蜓目 蜻科

本种在北京虽然每年都有发现，但因其多为迁徙中途经北京，故而一般都在高空飞行，不易被人发现。虽然体色红，但黑色的腹末可将其轻易与北京的其他蜻科种类区分开来。一些目击者描述其零星混杂于黄蜻的大群中，和黄蜻一起在高空捕食。从黄蜻群中找出本种，真是难度不小的“找不同”游戏呢。

形态描述

雌雄体色布局近似，但雄性体大部区域为红色，雌性为橙色。无论雌雄，后翅基部具有大面积的血红色斑纹，其中的翅脉为更明亮的橙红色。腹部最后3节即第8～10节以黑色为主，彩色区域很少，远观时显得腹末全黑。

体长53～56mm。

寻虫指南

本种在北京未发现繁殖地，可能均为迁徙中途经北京的个体。在大群的黄蜻中，寻找体形稍大且翅有斑纹的本种，看似大海捞针，但却是公认的在北京寻找本种的最有效方法。北京植物园里曾有多次目击事件，记录均在9月。

摄影／程斌

透顶单脉色蟌

别名 黑老婆儿、黑锅底

拉丁学名 *Matrona basilaris*

分类归属 蜻蜓目 色蟌科

纤细的蟌，过去曾称豆娘。色蟌科为北京的蟌类中体形最大的，也是唯一被过去的人所普遍见过和知晓俗名的类别。虽然北京的两种最大的色蟌被俗称“黑老婆儿”，但其实它们的雄性并不是黑色，尤其是本种，雄性的翅膀有非常靓丽的闪蓝色光泽，只不过，这种蓝色需要在特定的光线和观察角度下才能被人看到。

形态描述

体形较大，但因纤细而显小。雄性躯体深绿色，具有强烈的金属光泽；翅黑色，但翅正面的大部分、翅反面基部1/2左右区域的翅脉都为闪蓝色，其鲜艳程度随光照条件与观察角度不同而变化。雌性合胸黄绿色，具有金属光泽；腹部褐色，下方具有白色粉霜；翅黑褐色，具有白色的伪翅痣。

体长63～70mm。

寻虫指南

本种在北京低山地带和近山地带的溪流、河流中常见，永定河流域、拒马河流域、雾灵山、碓臼峪、北京植物园等地均容易看到。6–9月可见成虫。

黑暗色蟌

别名 黑色蟌、黑老婆儿、黑锅底

拉丁学名 *Atrocalopteryx atrata*

分类归属 蜻蜓目 色蟌科

黑暗色蟌以前长期被称为黑色蟌，但因其已从色蟌属移入暗色蟌属，故而改名。本种在许多地方与透顶单脉色蟌混生，但本种无论雌雄，翅皆黑色或黑褐色，无蓝色也无伪翅痣，易与透顶单脉色蟌相区别。

形态描述

体形较大，但因纤细而显小。雄性腹部深绿色，具有强烈的金属光泽，腹末较晦暗；合胸铁锈色中透着些许绿色；翅黑色。雌性通体黑褐色，但合胸与腹基部具有或多或少的彩色金属光泽，其颜色根据光照条件的不同

♂

♀

可显绿色或橙色；翅黑褐色，无伪翅痣。

体长55～62mm。

寻虫指南

本种在北京低山地带和近山地带的溪流、河流中常见，永定河流域、青龙峡景区、虎峪、北京植物园等地均容易看到。6—9月可见成虫。

绿色蟌

拉丁学名 *Mnais sp.*

分类归属 蜻蜓目 色蟌科

本种不罕见，但绿色蟌属的分类是一个世界性难题，近20年来其身份一直扑朔迷离。本种最初在2001—2003年的北京地区蜻蜓普查中，被定为烟翅绿色蟌*M. mneme*，但为错误鉴定。在过去十余年间，它又被“中国昆虫爱好者论坛”的“蜻蜓版主”们鉴定为安氏绿色蟌*M. andersoni*（或称透翅绿色蟌），但其形态与东南亚的安氏绿色蟌相差较大。蜻蜓学家张浩淼指出，本种其实接近黄翅绿色蟌*M. tenuis*，但橙翅型雄性腹部被粉更多。

黄翅绿色蟌的记载产地包括晋陕甘地区，确实与北京地理位置更接近。但除了橙翅型雄性的差别，它们的雌性也有差别：黄翅绿色蟌或安氏绿色蟌的雌性色彩晦暗，北京所产的这样翅为橙红色的雌性个体，没有出现在以上两种的记载中。

21世纪初，北京记录的蜻蜓有50种，其时，本种身份未得到正确鉴定；“中国昆虫爱好者论坛”时代，北京蜻蜓略超过60种；如今，北京蜻蜓中确定为本地稳定存在或稳定存在过的种类，已超70种；如算上那些仅发现过一只的、不靠谱或尚不确定是否靠谱的蜻蜓（即“迷蜻”，或很可能是随水草引进而来、还不确定是否能在本地生存繁衍的种类），北京蜻蜓已超过80种。但在北京蜻蜓不断丰富与明晰的今天，北京所产的绿

♂

色蟌到底是什么种类，至今仍是悬而未决的谜题。

形态描述

体形中等，但因纤细而显小。雄性多型：橙翅型的成熟个体几乎全身密被白色粉霜，仅合胸露出原有的黄色和绿色，腹部深绿色，翅为鲜艳的橙红色；透翅型翅为烟褐色、较透明，合胸大部和腹部大部为紫色或绿色，或二色混合，且具有强烈的金属光泽，粉霜仅覆盖腹末（第8～10节）。雌性腹部从绿色到紫色者都有，翅色晦暗到橙红色者也都有；翅痣白色，与雄性的暗红色翅痣不同。

体长47～54mm。

寻虫指南

本种在北京中、低海拔的山区溪流环境栖息，见于虎峪、碓臼峪、北京植物园、玉渡山等地的溪流流域。其分布区域比另外两种色蟌窄，但数量并不少。5～7月可见成虫。

白扇蟌

拉丁学名 *Platycnemis foliacea*

分类归属 蜻蜓目 扇蟌科

本种是常见的小型蜻蜓，雄性足上具有白色叶状扩展，飞行时舞动，如雪白的风铃随风摇摆。因本种雄性体被白色粉霜，其飞翔时会比叶足扇蟌更显雪白。雌性翅痣灰白色，腹部末节背面的黑斑较小，可与叶足扇蟌区别。

形态描述

小型蜻蜓。雄性中、后足胫节具有白色叶片状扩展；雌性足无扩展。雄性为黑白二色，成熟雄性身体前半部密被白色粉霜，透过粉霜仅隐约可看见合胸上原本的黑纹。雌性合胸淡黄色或黄白色，具有黑纹和局部的橙

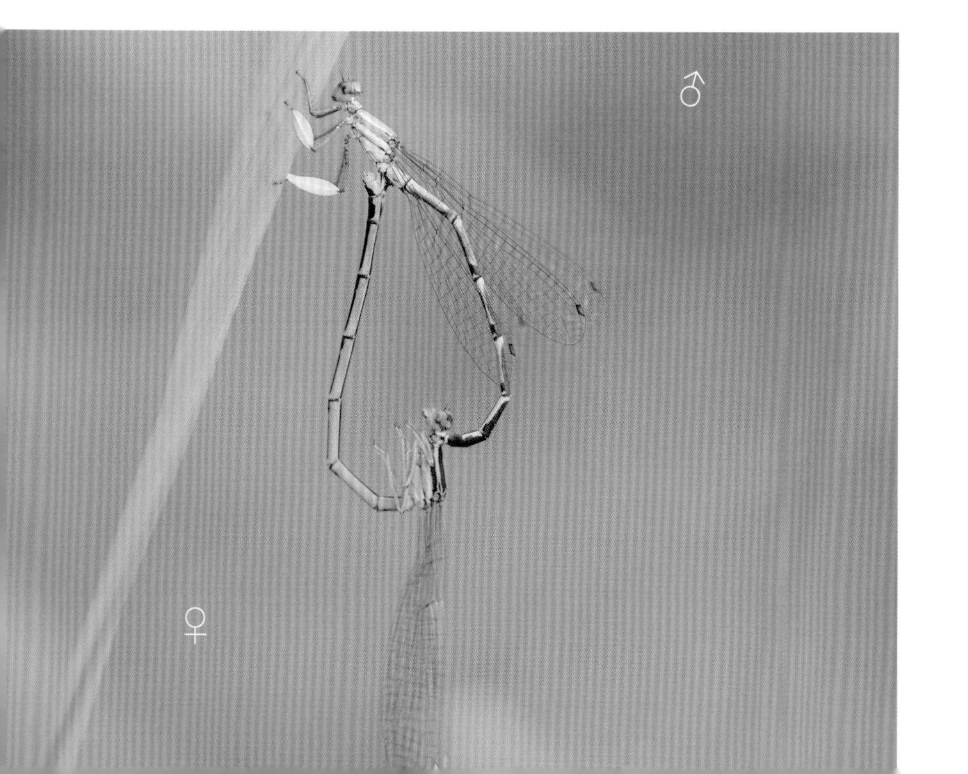

红色晕染；雌性腹部与足为肉粉色至淡橙色，腹各节背面有黑色纵纹，黑纹由前向后逐渐加重。

体长33～35mm。

寻虫指南

本种见于北京中、低海拔山区溪流、河流、池塘。拒马河流域、永定河流域、神堂峪、虎峪、碓臼峪、小龙门、北京植物园等地数量都很多。6—9月可见成虫。

叶足扇蟌

拉丁学名 *Platycnemis phyllopoda*

分类归属 蜻蜓目 扇蟌科

常见的小型蜻蜓，雄性足上具有白色叶状扩展，飞行时舞动，如雪白的风铃随风摇摆。本种雄性体表不覆白色粉霜；雌性翅痣灰黑色，腹部末节背面的黑斑较大，腹部前半部分的黑斑也十分浓重，可与白扇蟌区别。

形态描述

小型蜻蜓。雄性中、后足胫节具有白色叶片状扩展；雌性足无扩展。雄性为黑色与浅色相间，浅色可接近白色，也可呈淡黄绿色。雌性色彩与雄性相似，或带肉粉色，腹各节背面都被黑色纵纹所覆盖。

体长33～34mm

♂

导虫指南

本种见于北京低海拔山区溪流、河流、池塘，以及城区的一些湖泊，圆明园、颐和园、神堂峪、汉石桥、北京植物园、奥林匹克森林公园等地都有大量。5—9月可见成虫。

黑狭扇蟌

别名 东京狭扇蟌

拉丁学名 *Copera tokyoensis*

分类归属 蜻蜓目 扇蟌科

较大的扇蟌，但足上没有叶状扩展。本种在北京没有相似种，因此以体形和色彩可轻松识别。

形态描述

中型蜻蜓，但因纤细而显小。雄性为黑白二色，白色中可透出青绿色，中、后足胫节的基半部与肛附器必为纯白色，不带青绿色。雌性颜色与雄性相似或带粉红色，但足为纯色，无白斑。本种足极长，后足胫节强烈弯曲。

体长 45 ～ 48mm。

♂

♀

导虫指南

本种常见于北京平原水草丰茂的湖泊与池塘，深山未见。圆明园、北京植物园、南海子公园、野鸭湖等静水水域有发现。6—9月可见成虫。

东亚异痣蟌

别名 琉璃鼠儿

拉丁学名 *Ischnura asiatica*

分类归属 蜻蜓目 蟌科

北京常见的小型蟌，雄性易与长叶异痣蟌及多种尾蟌混淆，但本种雄性复眼与合胸绿色，绝不为蓝色；腹末仅第9节为全蓝色，第10节下半部分为蓝色，可区别于其他种类。本种雌性合胸侧面无任何黑纹，可与其他小型蟌区别。

♀

形态描述

小型蜻蜓。雄性复眼与合胸为黑色与淡绿色相间，头顶有蓝色或绿色斑纹；腹部背面黑色，侧面和腹面为黄白色或青白色；腹部第9节纯蓝色，第10节腹面蓝色、背面黑色。雌性未熟时为橘红色，成熟个体为淡绿色，腹部侧面与腹面发白；无论是否成熟个体，雌性腹部背面均黑褐色；雌性合胸侧面无黑纹，成熟个体具有一条淡褐色油浸状宽纹。

体长27～29mm。

寻虫指南

本种见于北京平原水草丰茂的湖泊与池塘，相当常见。奥林匹克森林公园、圆明园、北京植物园、南海子公园、野鸭湖等地均多见。4—9月可见成虫。

长叶异痣蟌

别名 琉璃鼠儿

拉丁学名 *Ischnura elagans*

分类归属 蜻蜓目 蟌科

北京最常见的小型蟌之一，雄性易与东亚异痣蟌及多种尾蟌、心斑绿蟌混淆，但本种雄性腹末仅第8节全蓝色，第7、9、10节下半部分都为蓝色，可区别于其他种类。本种雌性或与雄性色彩相同，或腹部背面的纵贯黑纹唯独在第8节突然变淡变模糊，可与其他小型蟌区别。

形态描述

小型蜻蜓，但体形明显比东亚异痣蟌大。雄性蓝色，合胸与腹部背面具有黑纹，腹部中部的腹面颜色为淡黄褐色或淡黄绿色；腹末第8节全蓝色，第7、9、10节下半部分蓝色。雌性多型：蓝色型与雄性色彩完全相同；黄色型与绿色型腹部背面纵贯的黑纹唯独在第8节变为黄褐色或深褐色，并且斑纹边界不清晰。

体长30～35mm。

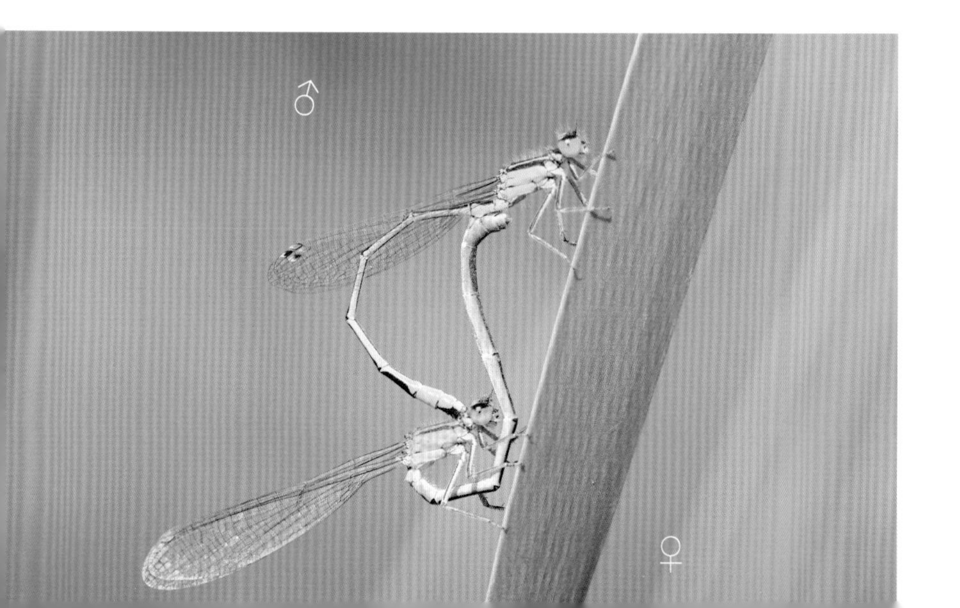

寻虫指南

本种为北京最常见蟌蜓之一，在平原地区水草丰茂的湖泊与池塘相当常见，几乎任何有湖泊或池塘的公园甚至高校里都有本种大量生存。本种在拒马河、永定河等山区大河流域也很多。4—10月可见成虫。

♂

蓝纹尾蟌

别名 苇尾蟌、琉璃鼠儿

拉丁学名 *Paracercion calamorum*

分类归属 蜻蜓目 蟌科

北京最常见的小型蟌之一，雄性独具特色：身体前半部分因被粉霜而显得“脏兮兮”。本种雌性色彩与捷尾蟌的绿色型雌性很相似，但捷尾蟌明显大，比本种几乎大出一头胸，且本种并无蓝色型雌性，故不难区分。

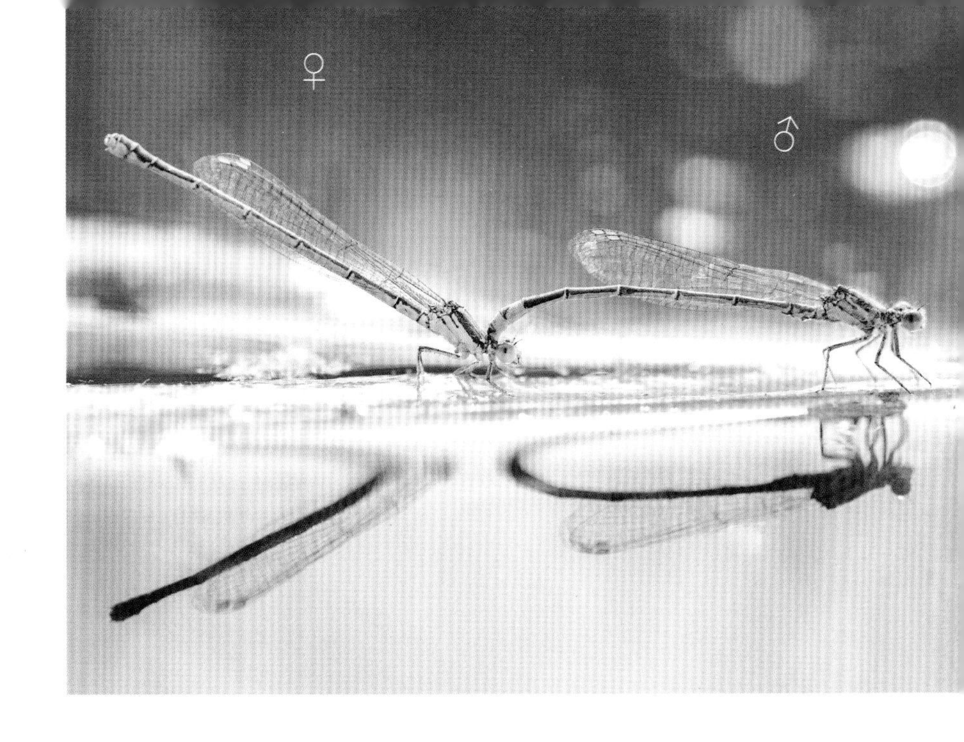

形态描述

小型蜻蜓，雄性蓝灰色，越是成熟个体，身体前半部越是密被粉霜，而显苍白；腹部第1～7节背面黑色；腹部第8、9、10节蓝色，有时具有一些较小的黑斑。雌性为淡绿色与黑色相间，唯头顶靠近复眼处具有蓝色小斑；腹部背面具有纵贯的黑色宽纹。

体长26～32mm。

寻虫指南

本种为北京最常见的尾蟌，也是最常见的蜻蜓种类之一，在城区的任何水域遍布，且经常数量极大；山区流速缓慢的水域中也有分布。4—9月可见成虫。

捷尾蟌

别名 琉璃鼠儿

拉丁学名 *Paracercion v-nigrum*

分类归属 蜻蜓目 蟌科

北京最常见的小型蟌之一，雄性腹部蓝色的第8节末端常向前侵入一略呈“V”形的黑斑，其拉丁名种加词*V-nigrum*即因此而来。但本种也可能没有这个斑纹，而其他某些种类的尾蟌有时却可有此斑纹，故而，依据此斑纹的有无来辨别本种，有较大的错误风险。本种雄性腹部的“渐进式黑斑”可区别于北京其他尾蟌。

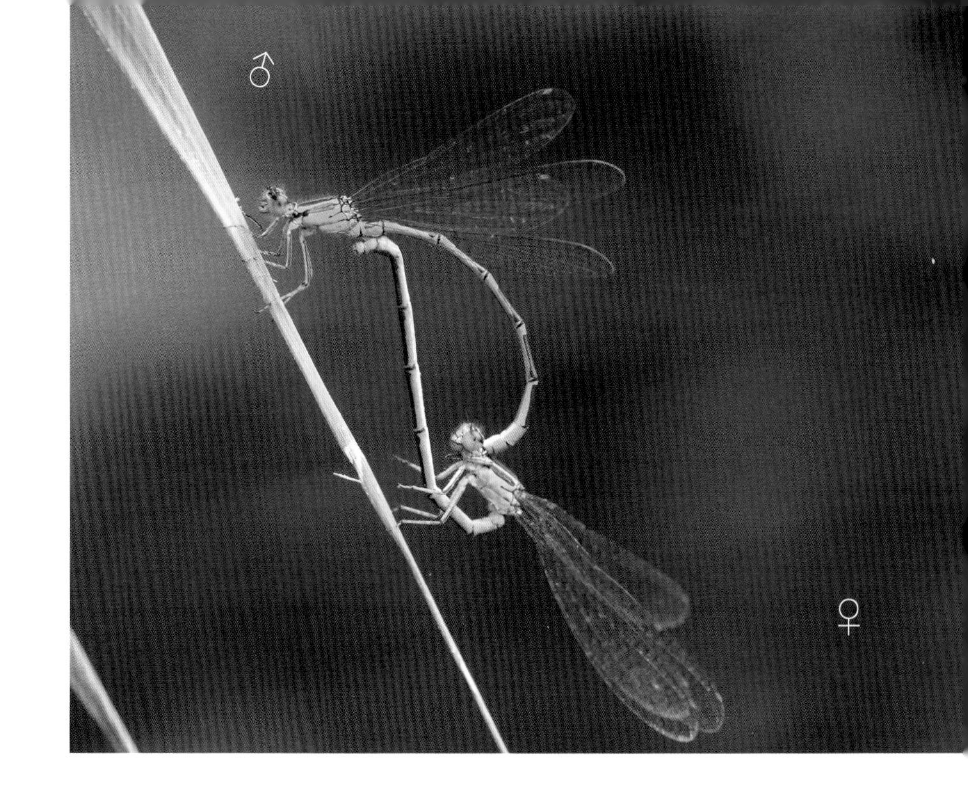

形态描述

小型蜻蜓。雄性蓝色，腹部第2～7节背面都为蓝黑相间，其中第4、5、6、7节的蓝色部分依次递减，黑色部分依次递增；腹部第8、9、10节蓝色，但第8节末端常具有一对向前侵入的黑斑，这对黑斑常连成"V"形。雌性多型：蓝色型与雄性色彩相似，但腹部背面的黑纹一直纵贯到末端；绿色型体色蓝绿色到黄绿色，腹部背面也是黑纹纵贯到末端。

体长34～38mm。

寻虫指南

本种为北京平原地区第二常见、山区最常见的尾蟌，在城区的许多公园可见，在拒马河流域、永定河流域、潮白河流域、松山、碓臼峪、虎峪、北京植物园等地均常见，且经常数量极多。无论湖泊、池塘、水库、大河还是开阔溪流，都多见本种。5—9月可见成虫。

隼尾螅

别名 琉璃鼠儿

拉丁学名 *Paracercion hieroglyphicum*

分类归属 蜻蜓目 螅科

本种在北京分布广泛，但不如蓝纹尾螅与捷尾螅多。其雄性腹部第3～6节背面的蓝黑比例近等，非渐变式，并且本种体小，可区别于捷尾螅。本种头顶的一对蓝斑虽微小，但并不成细长条状，以此可区别于黑背尾螅。本种雌性腹部中部几节背面发黄，可以此特点区别于近似种。

形态描述

小型蜻蜓。雄性蓝色或蓝绿色，腹部第2～7节背面都为蓝黑相间，其中第3～6节的蓝色部分大小近似，并不递减；腹部第8、9节纯蓝色，但其中常各具有一对微小的黑色圆点，有些个体的腹部第8节或具有和捷尾螅类似的“V”形黑纹。雌性绿色，头部斑纹密集、复杂；腹部背面的黑纹在第3～6节常稍浅，同时透出橙黄色或黄褐色，有时这几节的黑纹几乎消

♂

失，仅余黄色；有的个体合胸正面与头顶的斑纹都为黄褐色。

体长25～28mm。

导虫指南

本种在北京城区与山区都有记录，如圆明园、雁白峪、阳台山。5—9月可见成虫。

黑背尾蟌

别名 琉璃鼠儿

拉丁学名 *Paracercion melanotum*

分类归属 蜻蜓目 蟌科

本种分布广泛，但在北京似乎数量不多，同时，因与捷尾蟌、蓝纹尾蟌比较相似，以至于近年才确认该种在北京的分布。本种头顶的一对斑纹通常非常窄长，雄性腹末第8、9节纯蓝色无黑斑，雌性合胸正面与侧面的黑纹甚不发达，可与其他尾蟌区别。

形态描述

小型蜻蜓。雄性蓝色，腹部第3～7节的蓝色部分都很小，黑色占据了背面绝大部分区域；腹部第8、9节蓝色，其中几乎永无黑斑；头正面几乎为纯蓝色，头顶黑色，复眼间的一对蓝斑通常窄长，或为水滴形，绝不十分圆大。雌性多型：黄绿色或蓝色都有，合胸上的黑纹非常细弱，甚至全无黑纹；头部斑纹简单，复眼间的一对斑纹通常非常窄长，绝不圆大；腹

♂

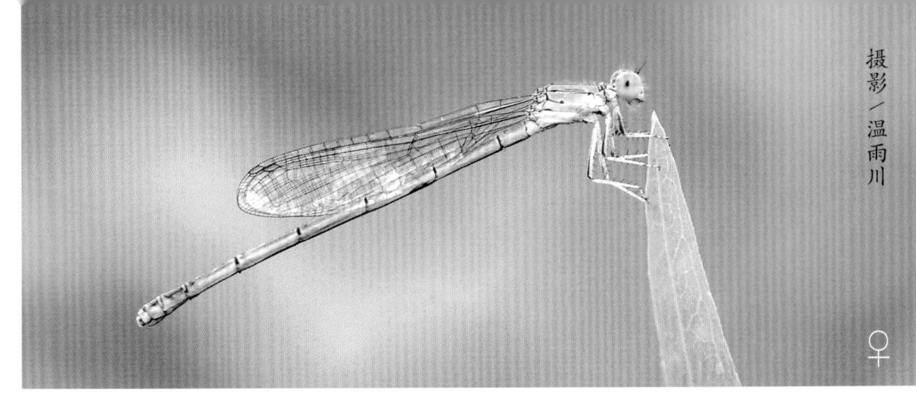

部背面的黑纹常浅淡，透出橙黄色。

体长32～36mm。

导虫指南

本种在圆明园、北京植物园、上庄水库等地有发现。6—9月可见成虫。

七条尾蟌

拉丁学名 *Paracercion plagiosum*

分类归属 蜻蜓目 蟌科

大型尾蟌，明显大于北京的其他蟌科种类。头部花纹丰富得令人眼花缭乱，合胸前方有多达7条完整的黑色细纹。凭上述特征，本种非常容易辨识。

形态描述

中型蜻蜓。雄性蓝色，雌性多型：绿色与蓝色者皆有。雌雄的黑纹类似：腹部背面的黑纹几乎纵贯，合胸前方具有7条细密的黑纹。头部斑纹丰富，尤以雌性头部斑纹令人眼花缭乱。无论雌雄，头顶靠近复眼的一对斑纹均大，近三角形。

体长39～49mm。

♂

摄影/陈炜

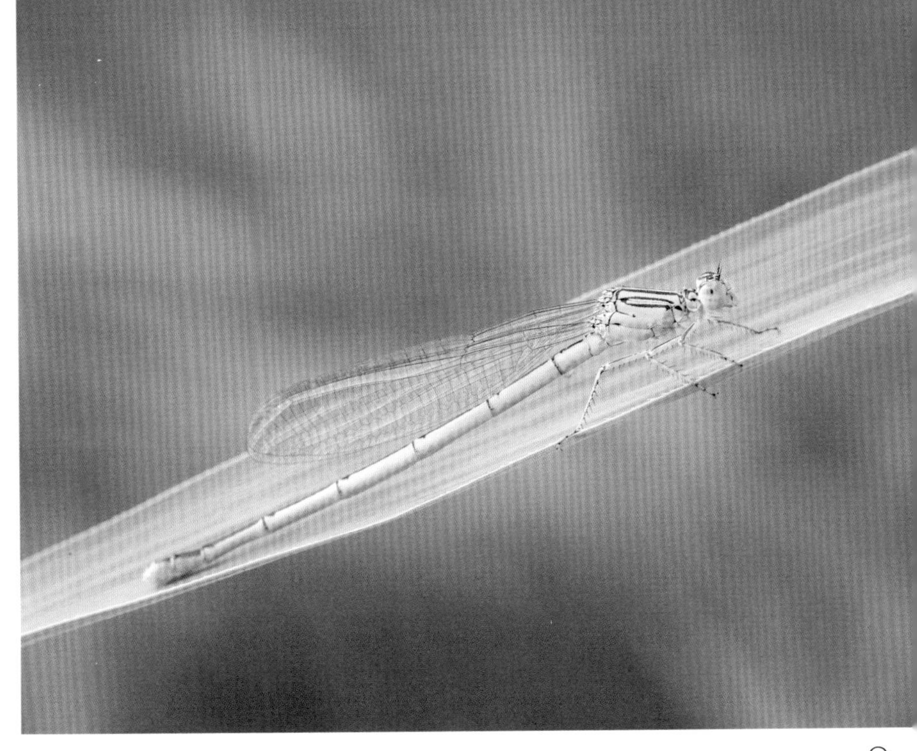

♀

寻虫指南

本种数量不多，但在北京平原地带水草丰茂的湿地环境中广泛分布，圆明园、北京植物园、上庄水库、野鸭湖、房山青龙湖、北京大学、北京农学院等地都有发现。6—9月可见成虫。

心斑绿蟌

拉丁学名 *Enallagma cyathigerum*

分类归属 蜻蜓目 蟌科

与捷尾蟌略相似，但本种更粗壮；雄性合胸的蓝色面积更大、更纯粹，腹部第8节背面无任何黑斑；雌性腹部第3～7节背面黑纹前端都收狭变尖，而留出比捷尾蟌雌性更多的彩色区域，可与捷尾蟌区分。本种在“中国昆虫爱好者论坛”时代，就被一些人怀疑北京有其分布，近年得以证明。

形态描述

小型蜻蜓。雄性蓝色，雌性多型：枯黄色、黄绿色、水青色、蓝色皆有。雌雄的黑纹类似：合胸的黑色与彩色区域清晰分明，合胸后部彩色区域面积大；腹部背面具有黑纹，其中第3～7节的黑纹前端收狭变尖，楔入

摄影/陈炜

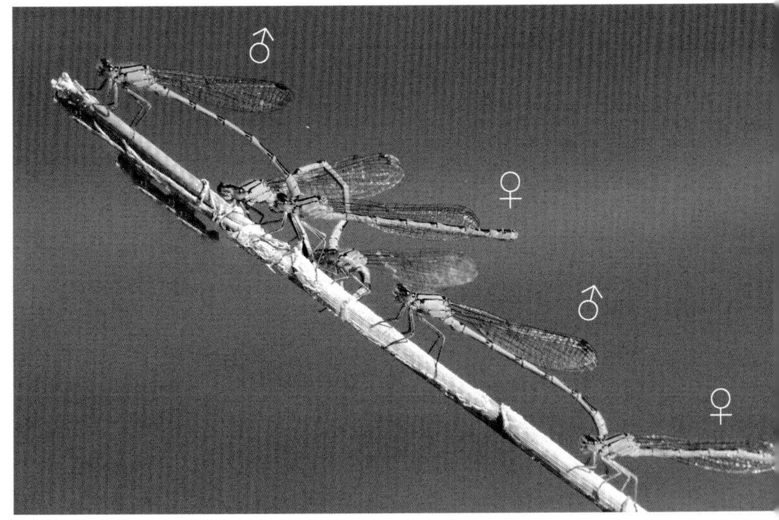

体色的彩色区域。雄性第3～7节腹节的黑纹占比逐渐递增；雌性腹部第8节腹面端部具有一刺状物。

体长29～36mm。

寻虫指南

本种在官厅水库和昌平老峪沟有种群，在北京其他一些地点也曾零星发现过，如碓臼峪、松山。6—9月可见成虫。值得一提的是，自然爱好者杨南竟在百花山顶峰发现本种，其也成为北京记录海拔最高的蜻蜓，但其繁殖地究竟在哪里，尚不明确。

赤黄蟌

别名 日本黄蟌、日本橘黄蟌

拉丁学名 *Ceriagrion nipponicum*

分类归属 蜻蜓目 蟌科

本种在2006年突然被发现，此前在北京多年的各种调查中从未被记载。在“中国昆虫爱好者论坛”时代，它短短两年间几乎呈爆发式地被发现，仿佛一夜之间此种就遍布京城，从“谁都没见过此种”到“谁都见过此种”。在经历了昆虫学界长久的讨论之后，它被鉴定为一个广布种：赤黄蟌。

形态描述

小型蜻蜓。除翅透明、足基部淡黄白色外，几乎全身都为纯粹的鲜艳色彩：雄性为橘红色；雌性为黄褐色至橘黄色。有时雌性的合胸与复眼带

♂

有绿色，雄性的复眼有时也带绿色。

体长29～33mm

寻虫指南

本种在北京平原地区水草丰茂的湖泊、池塘遍布，如北京植物园、圆明园、上庄水库、沙河水库、房山青龙湖。本种在山区也有，如怀沙河流域、永定河流域。6—9月可见成虫。

摄影/陈炜

♂

翠胸黄蟌

别名 琉球黄蟌

拉丁学名 *Ceriagrion auranticum ryukyuanum*

分类归属 蜻蜓目 蟌科

本种为北京新记录物种，由自然爱好者陈炜于2016年8月6日在北京朝阳公园发现，公园内有小种群。本种以前的记录产地为日本、朝鲜半岛到我国南方全境。与北京数量很多的赤黄蟌相比，本种体形更长，复眼翠绿色，合胸也透出绿色，足的基半部颜色更黄，雌性腹末具有黑斑。

♀

形态描述

小型蜻蜓。除翅透明、雌性腹部第8～10节背面具有黑斑外，几乎全身都为鲜艳色彩：雄性主要为橘红色；雌性主要为橘黄色至橘红色。无论雌雄，合胸均透出黄绿色，复眼则为翠绿色，六足基部黄色。

体长33～41mm。

寻虫指南

本种目前仅在北京发现于朝阳公园，但考虑其历史产地距离北京不远且广布，随着气候变暖，本种或日渐北扩，其在北京其他地点是否稳定栖息，尚待调查。

桨尾丝蟌

别名 绿尾丝蟌
拉丁学名 *Lestes sponsa*
分类归属 蜻蜓目 丝蟌科

北京较少见的蜻蜓种类，以前仅在延庆松山有可靠的遇见率，如今在更多地点发现了其栖息地。本种停落时四翅错落地半平放，如蜻一般，在北京所有的蟌当中独具一格。虽雌雄差异较大，但凭借停落姿势，也能轻易识别桨尾丝蟌。

形态描述

中型蜻蜓，透明的四翅常半平展、不并拢。雄性体金属绿色，金属光泽强，绿色颜色较暗，但带较强的金绿色光泽，成熟雄性合胸下半部分、

♂

♀

翅基和腹末端常密被白色粉霜。雌性为淡黄绿色与金属色相间，具有金属光泽的部分本色为褐色或墨绿色，带有金绿色或红褐色金属光泽。

体长36～41mm。

寻虫指南

本种见于北京北部，如延庆区的松山、妫水河流域、世园会展区和密云的白河上游等地。6—9月可见成虫。

三叶黄丝蟌

拉丁学名 *Sympycna paedisca*

分类归属 蜻蜓目 丝蟌科

在北京所有的蟌里，本种看似最为柔弱，但其却喜寒耐冷，为北京乃至整个北方地区唯一能以成虫越冬的蜻蜓种类。故而，虽然三叶黄丝蟌色彩并不艳丽，但却是昆虫爱好者眼中的神奇物种。

形态描述

小型蜻蜓，体较软，看上去十分柔弱。除翅透明外，全身淡黄褐色，头、合胸、腹部背面均具有一些深色斑纹，其或为褐色或为黑褐色，或带红褐色到墨绿色的弱金属光泽。雌雄除生殖结构不同外，高度相似。

体长31～34mm。

寻虫指南

本种多见于北京北部，在延庆区的松山、后河、古崖居等地均有一定数量，在世园会展区也有发现。因其以成虫越冬，故而可能全年可见，但冬季本种停止活动，不飞行，不易发现。在现有记录中，当年羽化的成虫7月始见，能存活至次年5月，因而每年6月也许为全年唯一不能见到本种的月份。

中华剑角蝗

别名 呱嗒扁儿、扁担、尖头蚂蚱

拉丁学名 *Acrida cinerea*

分类归属 直翅目 蝗科

北京最常见的蚂蚱之一，许多人童年的野生玩伴。常从草丛中突然跃出，其中雄性有较强的飞行能力，飞行时噼啪作响；雌性个大体重飞不远。以雌性而论，本种是北京最大的蚂蚱之一，因而成为孩童们乐于捕捉的对象。

形态描述

头尖长并上翘的蝗虫。体色多变：除最常见的绿色个体外，灰褐色、绿色带灰褐色条纹、绿色带红色条纹者皆有之；无论体色如何，隐藏在翅下的腹部背面都为紫红色。触角宽扁、端部尖锐。后足极为细长。雌性体形极大，雄性远小于雌性，仅为中型昆虫。

体长36 ~ 48mm（♂）；51 ~ 85mm（♀）。

寻虫指南

本种遍布北京，在野草野蛮生长的地带最为多见。20世纪90年代在北京城区的绿化带中也常见，如今因城市绿化不再采用本地原生杂草，野地和荒地也越来越少，本种在城区已少见，但在山区依然常见。8—10月可见成虫。

短额负蝗

别名 扁担钩儿、小扁担钩儿、尖头蚂蚱

拉丁学名 *Atractomorpha sinensis*

分类归属 直翅目 锥头蝗科 / 蝗科

北京最常见的蚂蚱之一，几乎出现在任何野地杂草丛中。本种虽然外表相当朴素，但后翅却为鲜艳的红色。不要以为短粗尖头的蚂蚱都是本种——北京周边有数个近似种，需要通过观察复眼前的头长比例、前翅长度与后翅大小、颜色来区分。

形态描述

头尖、短胖的小型蝗虫，雄性小于雌性。体色多变：除最常见的绿色个体外，尚有灰褐色、黄褐色者；体表有密集的小颗粒。触角略扁，端部尖锐。后翅基半部为红色。头超出复眼前方的部分，长度仅略超过复眼的最大直径。

体长 19 ~ 23mm（♂）；28 ~ 35mm（♀）。

寻虫指南

本种遍见北京，在野草野蛮生长的地带最为多见，田间地头、农村房前院后，都十分常见。6—10 月可见成虫。

摄影 / 王建赟

长额负蝗

别名 扁担钩儿、小扁担钩儿、尖头蚂蚱

拉丁学名 *Atractomorpha lata*

分类归属 直翅目 锥头蝗科/蝗科

北京常见物种，很容易和短额负蝗混淆，但本种后翅接近透明，没有大面积鲜艳的红色；头在复眼之前的部分明显更长，以此可与短额负蝗区分。值得一提的是，过去在北京周边有记录的、后翅基部略带一点红色且翅长度更长一些的异翅负蝗*A. heteroptera*，现普遍被归为本种的异名。

形态描述

头尖、短胖的小型蝗虫，雄性小于雌性。体色多变：除最常见的绿色个体外，尚有灰褐色、黄褐色者；体表有密集的小颗粒。触角略扁，端部尖锐。后翅几近透明，无大面积的红色。头超出复眼前方的部分，长度为复眼最大直径的1.5～1.8倍。

体长19～22mm（♂）；28～34mm（♀）。

寻虫指南

本种分布广泛，在野草野蛮生长的地带最易见。6—10月可见成虫。

摄影/刘洁

棉蝗

别名 蹬倒山

拉丁学名 *Chondracris rosea*

分类归属 直翅目 斑腿蝗科/蝗科

北京秋季常见物种，个头很大，以雌性而论，是北京最大的蝗虫之一。本种后足胫节上具有一系列又尖又长又硬的棘刺，且后足力量很大，若是捕捉不得其法，会被本种蹬踹得皮开肉绽，因而本种有一个夸张的俗名叫作“蹬倒山”。

形态描述

雄性中大型，雌性大型至巨大型，非常壮硕。体色鲜绿色带黄色，各足胫节紫红色，后足胫节上具有2排强大的白色尖长刺。触角黄色，向端部颜色逐渐加深为黄褐色。

体长43～59mm（♂）；65～85mm（♀）。

寻虫指南

本种分布广泛，在植被比较稀疏的山区最常见，平原没有。8—10月可见成虫

中华稻蝗

拉丁学名 *Oxya chinensis*

分类归属 直翅目 斑腿蝗科/蝗科

北京常见蝗虫，体前端有明艳的黄、黑、绿三色。本种常见在植物上抱茎，受惊扰时常迅速移动到背人的一面，人再绕过去，稻蝗也复绕茎躲藏，人和虫形成反复兜圈子“捉迷藏”的有趣场景。

形态描述

体中小型。身体下半部分为翠绿色，头上部、前胸背板侧上方和中胸、后胸侧面都具有明黄色与黑褐色条纹。触角红褐色，端部颜色加深。后足腿节端部和各足跗节褐色。

体长22～29mm（♂）；27～41mm（♀）。

寻虫指南

本种分布广泛，但在玉米、高粱等农田中最常见，在缺乏管理的作物上有时数量非常密集。7—10月可见成虫。

长翅幽蝗

拉丁学名 *Ognevia longipennis*

分类归属 直翅目 斑腿蝗科 / 蝗科

北京常见蝗虫，但仅见于山区。本种和中华稻蝗有点像，但体形更瘦长，头顶不强烈向前倾斜，头与前胸上只有黑纹，没有黄纹。本种曾被归在*Eirenephilus*属，称为长翅燕蝗，现改名为长翅幽蝗。

形态描述

体中小型。体翠绿色，前翅褐色，头侧方、前胸背板侧上方具有一条连贯的黑纹，后足腿节端部黑色，胫节黄色。触角黄绿色，向端部渐变为橙色。

体长21～24mm（♂）；27～31mm（♀）。

寻虫指南

本种见于山区，在中等海拔高度的山谷中较容易见到。6—8月可见成虫。

短角异斑腿蝗

别名 土蚂蚱

拉丁学名 *Xenocatantops brachycerus*

分类归属 直翅目 斑腿蝗科 / 蝗科

虽然不像多数蝗虫那样密集成群，但本种广布全国大部分地区，在北京山区也到处都有分布。大块的、明晰的浅色斑与红色的后足胫节是本种的特色。本种的另外一大特色是可以以成虫越冬，因此成为全年“最早”见到的蝗虫种类。

形态描述

体中小型，土黄色，自复眼后到后胸侧面具有一条连贯的浅色斜纹，后足腿节外侧被大面积的浅色与黑色斑纹交替分割，胫节淡红色。触角黄褐色。

体长 15 ～ 22mm（♂）；24 ～ 29mm（♀）。

寻虫指南

本种见于中、低海拔山区，常抱茎而不像多数蝗虫种类那样喜趴在地表。因其可以成虫越冬，故而可能全年可见。

云斑车蝗

别名 大土蚂蚱（褐色型）、方头绿蚂蚱（绿色型）

拉丁学名 *Gastrimargus marmoratus*

分类归属 直翅目 斑翅蝗科/蝗科

本种体形健壮，因而显大，是北京山区的孩子们乐于捕捉的种类。或有人将其与小车蝗相混淆，但本种明显大，且前胸强烈隆拱，易于识别。

形态描述

体中大型。颜色多样：最常见的为褐色、翠绿色夹杂褐色条纹两型。无论什么色型，前翅都为黑褐色，夹杂至少一条浅褐色竖条纹；前胸背板侧面也有浅褐色斜纹。后足胫节红色。前胸背板强烈隆拱，侧面观为隆起一弧状脊。

体长26～33mm（♂）；36～51mm（♀）。

寻虫指南

本种见于低海拔山区，数量不多。本种有很强的飞行能力，因而需耐心且小心地接近，方可仔细观察。8—9月可见成虫。

黄胫小车蝗

别名 土蚂蚱

拉丁学名 *Oedaleus infernalis*

分类归属 直翅目 斑翅蝗科/蝗科

本种即北京俗话所谓“土蚂蚱”的典型代表之一，是北京最常见的蚂蚱之一。其与亚洲小车蝗近似，但本种几乎全为土褐色，前胸背板的“〉〈”形斑纹较不明显；亚洲小车蝗多为绿色，“〉〈”形斑纹的对比度极高，可依此区分。

形态描述

中型蝗虫，土褐色，全身具有深浅不一的斑驳花纹；据记载有绿色型。前胸背板具有“〉〈”形斑纹，但其对比度不高，不太明显；此斑纹后端的

♂

♀

最外端比前端的最外端明显更加靠外，此为其区别于亚洲小车蝗的重要特征。雄虫后足胫节红色，雌虫的则为黄色。

体长23 ~ 27mm（♂）；30 ~ 39mm（♀）。

寻虫指南

本种几乎遍布北京各处，以平原和低海拔山区的荒地最为常见。6—11月可见成虫。

亚洲小车蝗

别名 方头绿蚂蚱（绿色型）、土蚂蚱（褐色型）

拉丁学名 *Oedaleus asiaticus*

分类归属 直翅目 斑翅蝗科 / 蝗科

本种与黄胫小车蝗近似，但本种一般为绿色与土褐色相间，前胸背板的“〉〈”形斑纹对比度极高；黄胫小车蝗多为完全的土褐色，“〉〈”形斑纹的对比度较低，可依此区分。有些学者将本种作为*O. decorus*的亚种，即*O. decorus asiaticus*。

形态描述

中型蝗虫，常为绿色，前翅与足上杂有大面积的深褐色与浅褐色斑驳状花纹；也有褐色型，体色中无绿色。前胸背板具有“〉〈”形斑纹，其对

♂

比度甚高，边缘非常清晰锐利；此斑纹前、后两端的最外端靠外程度通常近等，此为其区别于黄胫小车蝗的重要特征。无论雌雄，后足胫节均红色。

体长21～25mm（♂）；31～37mm（♀）。

寻虫指南

本种在北京平原和低海拔山区的荒地最为常见。7—11月可见成虫。

蒙古束颈蝗

拉丁学名 *Sphingonotus mongolicus*

分类归属 直翅目 斑翅蝗科/蝗科

本种有明显变细的“颈部”，易于识别。本种体色可高度适应所栖环境，因而颜色多变，但无论什么色型，前翅上均有2处很大的深色斑，后翅为电蓝色，具有黑色宽纹。

形态描述

中型偏小的蝗虫，前胸背板前半部分极度缢缩，形成“颈部”。体色多变，形成与栖息环境色彩相仿的保护色，常见体色为石头灰，也有颜色偏蓝、偏红者。前翅上至少有2处很大的深色斑，后翅为电蓝色，具有一黑色轮状宽纹。

体长18～23mm（♂）；27～30mm（♀）。

寻虫指南

本种栖息于多石砾的荒地、河滩环境，在石头遍布的干枯河道、砂石路边多见。7—10月可见成虫。

疣蝗

别名 土蚂蚱

拉丁学名 *Trilophidia annulata*

分类归属 直翅目 斑翅蝗科 / 蝗科

极常见物种，几乎任何荒地都有。本种为北京俗称“土蚂蚱”的蝗虫中的最常见种，有很好的保护色，所以一般都是人们在走路蹚草时其跳跃起来才被发现。虽然和其他多种“土蚂蚱”色彩相近，但本种体形较小，前胸背板上具有强烈疣突，易于识别。

形态描述

小型蝗虫，前胸背板具有强烈疣突，侧面观如齿状。全身都为斑驳的土褐色，后足腿节内侧有2～3个大块的黑斑，后足胫节黑白相间，如铁路道口摺杆的配色一样。

体长14.5～18mm（♂）；22～24mm（♀）。

寻虫指南

本种在平原和山区都相当常见，20世纪90年代在北京城区的绿化带和野地也几乎随处可见，如今因城市绿化不再采用本地原生杂草，野地和荒地也越来越少，本种在城区变得不如以前常见。8～11月可见成虫。

笨蝗

别名 土墩儿
拉丁学名 *Haplotropis brunneriana*
分类归属 直翅目 癞蝗科

常见物种，体形粗壮，行动笨拙，既跳不远也爬不快且不能飞。民间称其为“土墩儿”，非常形象地概括了它的特点。

形态描述

中型偏大的蝗虫，体形相当粗壮，体表粗糙。无论雌雄，即使成虫期也无发达的翅——其成虫的翅极度退化，呈翅芽状，极短小。体色为斑驳的土褐色，前胸背板上具有全身对比度最高的深色与浅色斑纹，并有白色的镶边。

体长28 ～ 40mm（♂）；34 ～ 49mm（♀）。

寻虫指南

本种为山区常见物种，在干燥土壤地带尤其常见，但植被茂密的高海拔草甸上也有。5—7月可见成虫。

日本蚱

别名 土墩儿、小土墩儿

拉丁学名 *Tetrix japonica*

分类归属 直翅目 蚱科

极常见物种，体形短粗，前胸背板延展为菱形、盾牌状，故蚱科以前曾称菱蝗科。相对其仅1cm左右的体长而言，本种跳跃能力很强，经常蹦一下就找不见了，其花样百出的色型可令本种在各种生存环境中都拥有保护色。

形态描述

体小型。前胸背板菱形，向后延伸盖住大部分腹部。体色相当多变：城区最常见者为通体土褐色，民间称其为“小土墩儿”；另有体背中央具有一堆黑斑的，有纯黑色的，有黑白相间或黑黄相间的，有迷彩色的，有体背具有大型黑色或白色条纹或斑块的，或是上述特征的任意组合型。

体长8～9.5mm（♂）；9～13mm（♀）。

寻虫指南

本种在平原和山区都相当常见，20世纪90年代在北京城区的绿化带和野地也几乎随处可见，如今因城市绿化不再采用本地原生杂草，野地和荒地也越来越少，本种在城区变得不如以前多见。5月始见成虫。

♂

中华斗蟋

别名 迷卡斗蟋、蛐蛐

拉丁学名 *Velarifictorus micado*

分类归属 直翅目 蟋蟀科

本物种为北京最常见的蟋蟀，俗称蛐蛐。民间以其雄虫互搏为娱乐，是源远流长的一项民间娱乐活动，以前斗蛐蛐的场景曾遍见北京的胡同，无论大人、孩童，普遍痴迷于此，若是谁捉的蛐蛐能常胜不败，是可以“吹牛”很久的事情。

雌性蛐蛐在北京民间俗称“三尾儿”，尾读“yǐ”音；雄性则为“二尾儿”；白色后翅未脱落、长过腹末的个体，则称“飞禽”。爱蛐蛐之人会以相当考究的罐、过笼、水盂饲之，其中讲究颇多，以此繁荣起来的蛐蛐文化，为鸣虫文化乃至北京传统文化中重要的组成部分。

♀

形态描述

头圆、饱满，上颚强壮但不延长成铲状。体黑褐色，足淡黄色，头后方与前胸背板遍布麻纹，有的个体额有黄斑。雄性的前翅通常不达腹末；雌性前翅更短，仅略超过腹部之半。雌性产卵器长枪状，长度略超过尾须。

体长14～18mm，极少数个体更大。

寻虫指南

本种在平原和山区都相当常见，夏末始闻虫鸣，可循声寻找。在杂草丛生特别是腐草堆积的野地具有相当的数量与密度。在墙脚、砖缝、墙缝中特别多见，常可在夜间打手电筒翻砖、捋着墙根找蛐蛐。7—10月可见成虫。

长颚斗蟋

别名 劳咪、老米嘴儿、劳咪子

拉丁学名 *Velarifictorus aspersus*

分类归属 直翅目 蟋蟀科

极常见的蟋蟀种类，俗称“劳咪”，和蛐蛐一样遍布于庭前院后。其大型雄性个体有一张“鞋拔子脸”，斗姿为互相铲击、偷袭对方足部，不若蛐蛐有武将般的雄姿，因而不但不为人所喜，还被捉蛐蛐之人嫌弃。

过去捉蛐蛐的人若捉到“劳咪”，常将其视为无用之物，甚至随手将其摔死，此为陋习。其实“劳咪”的鸣声也相当有特色，与蛐蛐不同，其鸣声亦为人们喜爱的“秋天的声音”的一部分，只是多数人将夜晚美妙的鸣声都归功于蛐蛐与油葫芦，却忽视了其他物种的贡献。

形态描述

头顶圆，体黑褐色，足淡黄色，头后方与前胸背板遍布麻纹，此皆与中华斗蟋极度相似，但本种上颚延长，发达者的上颚向前倾斜呈铲状，而使面部中凹，尤以其大型个体的“鞋拔子脸”最为明显。雄性的前翅通常不达腹末；雌性前翅更短，仅略超过腹部之半。雌性产卵器长枪状，长度不超过尾须。

体长13～19mm。

寻虫指南

本种在平原和山区都相当常见，在杂草丛生特别是腐草堆积的野地具有相当的数量与密度。在墙脚、砖缝、墙缝中特别多见。7—10月可见成虫。

♂

多伊棺头蟋

别名 棺材板儿

拉丁学名 *Loxoblemmus doenitzi*

分类归属 直翅目 蟋蟀科

极常见的蟋蟀种类，俗称“棺材板儿”，和蛐蛐一样遍布于庭前院后。其雄性头如老式棺材的截面，对战方式为互相顶撞，不若蛐蛐有武将般的雄姿，因而不但不为人所喜，还被捉蛐蛐者所嫌弃。

可以不爱，请勿伤害。其实“棺材板儿”的鸣声也相当有特色，与蛐蛐不同，其鸣声亦为人们喜爱的“秋天的声音”的一部分，只是多数人将夜晚美妙的鸣声都归功于蛐蛐与油葫芦，却忽视了其他物种的贡献。

♂

♀

形态描述

体黑褐色，足淡黄色，头后方与前胸背板遍布麻纹，头顶前端具有一条黄纹。雄性的头部在复眼之间和复眼下方，以三个方向强烈延伸，状如老式棺材的截面。雌性头部仅前端略延伸、平截状，翅较长，覆盖腹部2/3以上；产卵器长枪状，与尾须长度近等。

体长16～20mm。

寻虫指南

本种在平原和山区都相当常见，在杂草丛生特别是腐草堆积的野地具有相当的数量与密度。在墙脚、砖缝、墙缝中特别多见。7—10月可见成虫。

黄脸油葫芦

别名 油葫芦

拉丁学名 *Teleogryllus emma*

分类归属 直翅目 蟋蟀科

极常见的蟋蟀种类，田间地头很多。本种在北京的鸣虫文化中占据重要地位，其鸣声婉转悠长，在深秋的氛围中格外动人，因而广被饲养以聆听欣赏。在北京话中，“油葫芦”的常见发音为“yóu hu lū”或“yóu hū lǔ”。

形态描述

体较大、肥硕，体背黑褐色，足黄褐色，头顶黑亮，以复眼周缘为界，颜面为黄色，黑黄二色在头部的分界线，恰似“m”形发际线。

体长 20 ～ 27mm。

♂

♀

寻虫指南

本种在平原和山区都相当常见，在杂草丛生特别是腐草堆积的野地具有相当的数量与密度。在墙脚、砖缝、墙缝中特别多见。8—10月可见成虫。

♂

日本钟蟋

别名 金钟儿、马铃儿

拉丁学名 *Meloimorpha japonica*

分类归属 直翅目 蛛蟋科

雄虫翅极宽大，鸣声极为动听，聆听与欣赏本种为北京鸣虫文化中重要的组成部分。但平原地区稀见此种，因此除了养虫人外，能有耳福听到其悦耳鸣声的都是北京近山和山区的居民。

♀

形态描述

体黑色，尾须、触角基部大半、各足胫节大部和腿节基部都为黄白色。头很小，体梨形，雄性前翅极为宽阔，雌性前翅革质化，如枣核形紧紧覆于腹上，翅上有黄褐色、粗网格状的翅脉。

体长12～15mm。

导虫指南

本种在部分低海拔山区相当常见，有些村落边常有数百只日本钟蟋一起奏鸣，极为动听。其较大的数量一般是环境较好的证明，香山、黑山寨、云蒙三峪等地多见。8～10月可见成虫。

优雅蝈螽

别名 蝈蝈

拉丁学名 *Gampsocleis gratiosa*

分类归属 直翅目 螽斯科

山区常见物种，鸣声清脆、热闹，受到许多人的喜爱，在民间有悠久的赏玩史。饲养与欣赏本种，是北京鸣虫文化重要的组成部分。

几乎所有北京孩子都有央求家长买蝈蝈的童年往事。在挂满自行车后座两侧的上百个小竹笼中，挑选心仪的蝈蝈，却一不留神，买到了被奸商剪断产卵器而冒充“叫蝈蝈”的“哑巴蝈蝈”，还久久弄不懂“蝈蝈买回家为什么就不叫了”——这种经历也许是不少人曾有过的“心痛回忆”。

形态描述

体粗大，大腹便便。后足为极长的跳跃足，长度远超过体长。翅极短，雄性前翅长度一般仅为体长之半，稀见翅长达到或超过腹末者；雌性翅更短，仅呈翅芽状。体色多变，常见者为翠绿色，也有褐色、黑紫色、铜绿

♂

摄影／陈炜

色、黄绿色或绿中带红等颜色的个体。雌性产卵器砍刀状，长度与腹近等或超过腹部长度。

体长 31 ～ 55mm。

寻虫指南

本种于盛夏到秋季在低海拔山区有相当数量，常漫山遍野争相鸣叫，在荆条灌丛中尤为多。以前在平原地区的农田、田边环境也常见，但如今城区已难见到。7—11 月可见成虫。

暗褐蝈螽

别名 吱啦子

拉丁学名 *Gampsocleis sedakovii obscura*

分类归属 直翅目 螽斯科

山区常见物种，虽然外形与蝈蝈相似，但因叫声不悦耳，而受到差异化对待，人们根据其叫声而俗称它为“吱啦子”。有奸商会将本种的翅剪短，混在大量蝈蝈中滥竽充数，不少北京孩子曾上此当。

形态描述

体粗大，大腹便便。后足为极长的跳跃足，长度远超过体长。翅较长，无论雌雄，前翅都接近或超过腹末。翠绿色与褐色者都常见，无论体色如何，其前翅侧面均为绿色与褐色相间。雌性产卵器砍刀状，长度比优雅蝈螽短，明显不及腹部长度。雄性翅与优雅蝈螽长翅个体的区别是：本种发

♂

音区较低平；优雅蝈螽发音区明显高隆，呈阶梯状高于翅的后半部分。

体长35～40mm。

寻虫指南

本种于盛夏到秋季在山区广布，其分布海拔上限比优雅蝈螽高，可见于北京的高山草甸。7～10月可见成虫。

日本条螽

拉丁学名 *Ducetia japonica*

分类归属 直翅目 螽斯科/露螽科

山区常见物种，体似树叶。本种与镰尾露螽、秋掩耳螽较易混淆，但本种后翅超出前翅长度不及前翅长的1/3；触角每隔一段有一个黑斑；前翅侧面翅脉细密，无红褐色粗大网格状翅脉，可与之区别。

形态描述

体较长、侧扁。翠绿色，似树叶，体背面、触角、前足与中足大部都为橙色至褐色。触角极长，每隔一段有一个深色斑纹。雌性产卵器粗扁、镰刀状。据记载，本种有纯褐色的色型，似枯叶，笔者在北京未见过。

体长33～46mm（含翅）。

寻虫指南

本种在北京平原及山区都有，栖息于植被茂盛处，常举腹模拟树叶，但因六足伸展而不难识破。8—10月可见成虫。

秋掩耳螽

拉丁学名 *Elimaea fallax*

分类归属 直翅目 螽斯科/露螽科

山区常见物种，体似树叶。本种与镰尾露螽、日本条螽较易混淆，但本种后翅超出前翅长度不及前翅长的1/5；触角每隔一段有一个白斑；前翅侧面具有红褐色或黄褐色的粗大网格状翅脉，可与之区别。

形态描述

体较长、侧扁，翠绿色到黄绿色均有，似树叶，体背面、触角、前足与中足或多或少也带褐色。触角极长，每隔一段有一个白色斑纹。雌性产卵器粗扁、镰刀状。前翅侧面与后翅露出部分具有红褐色或黄褐色的、隆

♂

起的、粗大的网格状翅脉。

体长38～41mm（含翅）。

导虫指南

山区常见种，栖息于植被茂盛处，常举腹模拟树叶，但因六足伸展而不难识破。8—10月可见成虫。

摄影 /Juan Emilio

♂

镰尾露螽

拉丁学名 *Phaneroptera falcata*
分类归属 直翅目 螽斯科/露螽科

体似树叶，与日本条螽、秋掩耳螽较易混淆，但本种后翅超出前翅甚多，超出前翅的长度明显达1/3，甚至达到其1/2；触角无斑纹；前翅侧面翅脉为绿色，无红褐色的粗大网格状翅脉，可与之区别。

摄影 /Gilles San Martin

形态描述

体较长、侧扁。翠绿色到黄绿色，似树叶，体背面的褐色条带仅存于翅上，头与前胸无褐色条纹，足绿色，有时带褐色。触角极长，黄褐色。雌性产卵器粗扁、镰刀状。前翅侧面的翅脉均绿色，无红褐色的粗大网格状翅脉。

体长36 ～ 41mm（含翅）。

寻虫指南

广布种，栖息于植被茂盛处。本种拟态拟树叶，但因六足伸展而不难识破。雾灵山、百花山、喇叭沟门等地都有，7—9月可见成虫。

短翅桑螽

拉丁学名 *Kuwayamaea brachyptera*

分类归属 直翅目 螽斯科/露螽科

本种被发现已久，但以前未得到正确鉴定，在北京多见于百花山。体形短而扁，在北京的螽斯科当中，本种没有近似种。北京所产的本种桑螽以前被人鉴定为中华桑螽*K. chinensis*，但通过比对细节特征，该种更接近短翅桑螽，暂定为此种。

摄影/杨南

摄影/杨南

♀

形态描述

体翠绿色，似叶；雄性翅背褐色，前胸背板背面带黄色。体形较为侧扁，翅短，前翅刚刚超过腹末，后翅更短，明显不及前翅长。

体长27～32mm（含翅）。

寻虫指南

本种在百花山数量不少。8—9月可见成虫。

黑膝大蛩螽

拉丁学名 *Megaconema geniculata*

分类归属 直翅目 螽斯科 / 蛩螽科

山区常见小型螽斯，后足有标志性的“黑膝”。本种以前叫作黑膝剑螽 *Xiphidiopsis geniculata*，又曾连同其亚属一起被移入畸螽属，称为黑膝畸螽 *Teratura geniculata*。近期，我国昆虫学者王瀚强将其所属亚属 *Megaconema* 提升为属，为其新拟名为黑膝大蛩螽。

♂

♀

形态描述

体翠绿色，体背褐色，足黄绿色，后足腿节端部和胫节基部为黑色，前翅具有白色的网格状翅脉。触角极长，黄褐色。雌性产卵器长刀状，与腹部长度相当。

体长23～26mm（含翅）。

寻虫指南

本种见于茂密的山林中，百花山、小龙门、喇叭沟门等地常见。8—10月可见成虫。

疑钩顶螽

别名 疑钩额螽

拉丁学名 *Ruspolia dubius*

分类归属 直翅目 螽斯科/草螽科

本种头尖锥状，与北京其他螽斯类群都不同，因而易于识别。本种可以参加“北京叫声最难听昆虫”的竞选，其鸣声聒噪、单调，似某种电音，其音量之大、之刺耳，令人难以忍受。

形态描述

体大型。体色常为翠绿色，似叶；有些个体为黄褐色，似枯叶。头顶尖锥状，颜面强烈倾斜。翅明显超过腹末。雌性产卵器剑状，长度与后足腿节近似，明显超出翅端部。

体长 48 ~ 55mm（含翅）。

♂

♀

寻虫指南

本种分布广泛，城区野地和低、中海拔山区都有。可循声寻找其雄性：如听见草丛中有堪比黑蚱蝉蝉鸣，但刺耳与单调程度远胜于蝉的长鸣音，那就是它发出的了。8—9月可见成虫。

日本似织螽

拉丁学名 *Hexacentrus japonicus*

分类归属 直翅目 螽斯科/草螽科

本种为计云于2011年9月4日在北京密云区牛盆峪发现的北京新记录属种，其原记录产地在我国北方仅限山东、河南一带，此次发现将其分布北限扩展到北京。本种翅宽大且长，翅形似芒果核形，在北京没有近似种。

♂

♀

形态描述

体中型。体色为翠绿色，似叶；前胸背板与头顶为褐色，雄性翅发音区也有褐色斑纹，各足跗节第2～4节黑褐色。无论雌雄，前翅长度都接近腹长的一半；翅中部较宽，整体为芒果核形。

体长36～42mm（含翅）。

寻虫指南

本种在北京数量稀少，目前仅发现于云蒙三峪。8—9月可见成虫。

素色芒灶螽

别名 灶马、灶火马子、灶了马子、罗锅儿

拉丁学名 *Diestrammena unicolor*

分类归属 直翅目 驼螽科

本种由于常出没于老式平房院落，而被人们所熟悉。本种被俗称为灶马，在民间故事中，“灶马”为灶王爷的“马”，其实灶马出没于灶台附近，是来取食饭菜残渣的。成语“蛛丝马迹”中的“马”即指此类昆虫。本种区别于北京其他灶螽种类的宏观特征为通体褐色，无斑驳的花斑。

形态描述

无翅，体背强烈驼拱。体背黄褐色，腹面颜色较浅。触角极长，后足极发达。雌虫产卵器镰刀状，长于尾须。

体长 14 ～ 21.5mm。

寻虫指南

本种在山区的老式平房院落内极常见，夜晚常出没于厨房、储物间和一些阴暗潮湿的角落。在城区也曾常见，现除部分胡同以外，现代化居所均难见到。无固定发生期，只要气温不极低即可见其活动。

庭疾灶螽

别名 灶马、灶火马子、灶了马子、罗锅儿

拉丁学名 *Tachycines asynamora*

分类归属 直翅目 驼螽科

与素色芒灶螽一样，本种由于常出没于老式平房院落，而被人所熟悉。成语“蛛丝马迹”中的“马”也指此昆虫。本种通体具有斑驳的花斑，可区别于素色芒灶螽。但须注意：*Tachycines* 属潜在的近似种类极多，近年来发表了大量新种，北京可能有数个近似种。部分学者将 *Tachycines* 作为芒灶螽属的亚属，在这种分类归属下，其拉丁名为 *Diestrammena*（*Tachycines*）*asynamora*。

形态描述

无翅，体背强烈驼拱。体背黄褐色至灰褐色，具有全身性的斑驳花纹。触角极长，后足极发达。雌虫产卵器镰刀状，长于尾须。

体长 11 ～ 18mm

寻虫指南

本种在山区的老式平房院落内极常见，夜晚常出没于厨房、储物间和一些阴暗潮湿的角落。无固定发生期，只要气温不极低即可见其活动。

♂

♀

冀地鳖

别名 宽缘地鳖、土鳖（♀）、飞土鳖（♂）
拉丁学名 *Polyphaga plancyi*
分类归属 蜚蠊目 鳖蠊科

北京最常见的原生蜚蠊种类，在城区比中华真地鳖更常见，且体形更大。旧时，民宅胡同的院角屋后、工厂院校的墙根旮旯中，凡阴暗潮湿处的地砖之下遍布此种，俗称为“土鳖”。其雄成虫有翅能飞，夏季偶见于灯下、窗纱之上，俗称为“飞土鳖”。该虫为著名中药材，可治跌打损伤。在平房院落日渐稀少的今天，冀地鳖在北京城区仍较常见到。

摄影／刘晔

♂

形态描述

雌性肥厚，无翅，黑色，体周缘具有一系列橙黄色斑；体背光裸无毛，俯视时接近圆形，常沾有泥土。雄性成虫长椭圆形，甚扁，翅覆于体背，前翅翅缘较宽，体背面为黑色，但前胸背板前缘与翅约1/3处具有弧形淡色透明纹。

体长19～22mm（♂）；30～36mm（♀）。但雄性因翅通常收拢、覆于体背，而显得比雌性更长。

寻虫指南

成虫可越冬，因此任何季节都有，寒冷时藏匿起来不活动。本种在一些老宅子屋后阴湿的砖下、杂物堆下甚常见，雄成虫宜以灯诱法寻获。

中华真地鳖

别名 土鳖（♀）、飞土鳖（♂）

拉丁学名 *Eupolyphaga sinensis*

分类归属 蜚蠊目 鳖蠊科

北京常见的原生蜚蠊种类。旧时，民宅胡同的院角屋后、工厂院校的墙根旮旯中，凡阴暗潮湿处的地砖之下遍布此种，称其为“土鳖”。其雄成虫有翅能飞，夏季偶见于灯下、窗纱之上，人们俗称其为“飞土鳖”。该虫也为著名中药材，治跌打损伤。随着城市化进程推进，中华真地鳖在北京城区越来越难见到，但在郊区还十分常见。

♂

形态描述

雌性肥厚，无翅，深棕色，被棕红色微毛，俯视时接近圆形，常沾满土粒。雄性成虫长椭圆形，甚扁，翅覆于体背，体背面颜色为深褐色与浅褐色混杂的细碎斑驳色，边缘颜色稍亮。

体长17～22mm（♂）；22～32mm（♀）。但雄性因翅通常收拢、覆于体背，而显得比雌性更长。

寻虫指南

成虫可越冬，因此任何季节都有，寒冷时藏匿起来不活动。本种在门头沟近山与低山地带甚常见，在平房、村落附近翻起砖石即易见到，雄成虫宜以灯诱法寻获。

广斧螳

拉丁学名 *Hierodula petellifera*

分类归属 螳螂目 螳科

北京常见螳螂种类之一，在北京的螳螂种类中体形最显短粗，尤以秋季待产卵的雌虫最具“大腹便便”感。同时，本种也为北京城区最常见的种类，街边树上、小区绿化带里都有机会见到。

形态描述

体短粗，前翅具有一个明显的黄白色翅痣，上述特征即可与北京其他螳螂相区分。体色多变：最常见者为翠绿色，亦有褐色、黄色、黄绿色个体。

体长42～61mm（♂）；43～71mm（♀）。

寻虫指南

本种遍布北京各地，无论城区或山林、草丛或树上，皆有分布。在棕色树干上有时可以寻得棕色个体。黄色个体最罕见，仅偶遇。成虫8月下旬始见，可存活至11月入冬前夕。

中华大刀螳

拉丁学名 *Tenodera sinensis*

分类归属 螳螂目 螳科

北京常见螳螂种类之一，在北京的螳螂种类中体形最长、最大。本种的雌性是北京乃至整个中国北方最强壮的螳螂，前足力量很大，常给贸然捕捉它的人以“血的教训”。

形态描述

体狭长，前胸背板在前方约1/3处向两侧明显膨大，前足（尤其是雌性的前足）粗壮。体色分为绿色型与褐色型：前者为翠绿色；后者体大部土褐色，唯翅缘绿色。无论绿色型与褐色型，其前胸背板腹面于前足基部中间均有大黄斑。

体长68～87mm（♂）；74～110mm以上（♀）。

寻虫指南

本种遍布北京各地，无论城区或山林、草丛或树上，皆有分布。成虫8月下旬始见，可存活至11月入冬前夕。

狭翅大刀螳

拉丁学名 *Tenodera angustipennis*

分类归属 螳螂目 螳科

本种不是北京的优势种，数量远比广斧螳、中华大刀螳和棕静螳少。本种的前足较为细弱，前胸背板也几乎不膨扩，看上去比中华大刀螳羸弱得多。其后翅几乎无色，与后翅具有大面积黑斑的中华大刀螳容易区分。

形态描述

体狭长，前胸背板在前方约1/3处向两侧仅略微膨大，整个前胸两侧几乎平行，无强壮感。前足不很粗壮。体色分为绿色型与褐色型：前者为翠绿色；后者体大部土褐色，唯翅缘绿色。无论绿色型与褐色型，其前胸背板腹面于前足基部中间均有橘黄色大斑，后翅较透明、基部无黑色大斑。

体长60～82mm。

寻虫指南

本种广布，但数量少，北京大多数“狭翅大刀螳”的记录都是对中华大刀螳雄性的误认，宜捕捉后查看其后翅以确定种类。成虫8月下旬始见，可存活至11月入冬前夕。

薄翅螳

拉丁学名 *Mantis religiosa*

分类归属 螳螂目 螳科

本种不是北京的优势种，数量比广斧螳、中华大刀螳、棕静螳少。本种不同于北京其他螳螂的一个有趣行为是受到威胁时，除了举足展翅外，还会用腹部与后翅摩擦，发出很大的沙沙声，通过声音威吓敌人。

形态描述

体狭长，前胸背板在前方约1/3处向两侧膨扩呈菱形，翅较软、薄。前足基节具有椭圆形大斑，斑为黑色，或黑斑中心有白斑。体色多变：翠绿色、黄绿色、黄褐色都有，有些个体翅端带红色。后翅折叠部分透明无色。

体长47～65mm。

寻虫指南

本种广布，但数量少。成虫8月下旬始见，可存活至11月入冬前夕。

棕静螳

拉丁学名 *Statilia maculata*

分类归属 螳螂目 螳科

北京常见螳螂种类之一，在北京的螳螂种类中体形最为小巧玲珑。由于体形小，相比于大个的“刀螂”，有人称本种为“小刀螂”。本种虽名棕静螳，但也有绿色个体，“绿静螳*S. nemoralis*”被普遍认为是本种的异名。昆虫饲养达人袁勤先生发现：北京所产绿色静螳的后代中有棕色个体，棕色静螳的后代中也有绿色个体，棕色与绿色个体又可多世代稳定交配繁殖。

形态描述

体瘦小、轻盈，前胸背板在前方约1/3处向两侧膨扩，翅较软，但并不是很透明。体色多变：翠绿色或深棕色，后翅颜色浅到完全无色者都有，

但后翅色浅仅见于绿色型个体。前足基节具有黑色长条斑，前足腿节具有黑色、白色、粉色斑块，有时粉色、白色位置色彩缺失，与体大部颜色相同（绿色个体尤其如此）。

体长39～58mm。

寻虫指南

本种遍布北京各地，无论城区或山林、草丛或树上，皆有分布。在城市绿地和野地中踏草所蹿出的善飞的小型螳螂，大多即为本种。成虫8月下旬始见，可存活至11月入冬前夕。

蠼螋

别名 火夹子

拉丁学名 *Labidura riparia*

分类归属 革翅目 蠼螋科

本种是北京常见物种，最常见的一种蠼螋，旧时凡平房院落的犄角旮旯、潮湿隐蔽处、野地砖块下都有此虫出没。民间传言其“钻耳朵眼”，而令部分孩童产生心理阴影。其尾夹除防御功能外，还可协助捕食。

形态描述

体狭长，腹末具有尾须所特化成的夹子，前翅短小、革质，后翅折叠藏于前翅下。体背黑褐色，头与尾夹红褐色，触角、各足与腹部边缘淡黄

♂

♀

色。雄性尾夹极发达，与革翅后露出的腹部长度近等；雌性尾夹较弱小。

体长17～34mm。

寻虫指南

本种遍布北京各地，土壤较潮湿的平原野地里最多，有时出现在平房室内。城市绿地和野地中若有砖头或稍大石块，翻起石头有可能发现本种。其具有夜行性，夜晚在胡同墙根、马路牙子边沿有时可见本种游荡。6～10月可见成虫。

达球螋

拉丁学名 *Forficula davidi*

分类归属 革翅目 球螋科

山区常见种，北京众多球螋科物种中最常见的一种，雄性拥有狭长的漂亮尾夹。

形态描述

体狭长，腹末具有尾须所特化成的夹子，前翅短小、革质，后翅折叠藏于前翅下。体背黑褐色，头、前翅、后翅露出部分为暗红色。雄性尾夹极长，最长者的长度与腹长近等；雌性尾夹较弱小。

体长 13 ～ 33mm。

♂

♀

寻虫指南

本种在北京中海拔山区分布广泛，松山、小龙门、百花山、雾灵山都易见，可灯诱。6—9月可见成虫。

迭球螋

拉丁学名 *Forficula vicaria*

分类归属 革翅目 球螋科

北京山区栖息的球螋之一，雄性拥有形状特异的漂亮尾夹，其基部明黄色、向内扩展，端部黝黑细长。

形态描述

体狭长，腹末具有尾须所特化成的夹子，前翅短小、革质，后翅露出部分短小。头、腹部大部为暗红褐色；革翅、六足、触角黄褐色；尾夹基部与后翅露出部分明黄色。雄性尾夹基部内缘扁扩，后面大部尖狭，尾夹最大长度约合腹部露出部分的一半；雌性尾夹较弱小。

体长13 ~ 16mm

寻虫指南

本种在北京中等海拔高度的山区分布较广，东灵山、小龙门、雾灵山都有记录。可灯诱。6～9月可见成虫。

托球螋

拉丁学名 *Forficula tomis*

分类归属 革翅目 球螋科

北京山区栖息的球螋之一，雄性拥有形状特异的漂亮尾夹，其基部赤红色、宽厚如钳，端部黝黑、弯如牛角。

形态描述

体狭长，腹末具有尾须所特化成的夹子，前翅短小、革质，后翅不可见。头、腹部大部、尾夹基半部外侧为暗红色；前胸背板、革翅、尾夹端半部黑色；前胸背板边缘和足为黄褐色。雄性尾夹基部宽厚，端部突然向外歪曲呈牛角状，尾夹长短不一，最长者与腹部露出革翅之外的部分近等；雌性尾夹较弱小。

体长19～35mm。

寻虫指南

本种在北京西部深山有发现，东灵山、小龙门、百花山可见。可灯诱。6—9月可见成虫。

♂

大基铗球螋

拉丁学名 *Forficula macrobasis*

分类归属 革翅目 球螋科

北京山区栖息的球螋之一，雄性拥有形状特异的漂亮尾夹，与托球螋的短夹个体类似，但本种尾夹基部向内扩展更甚，尾夹形状的转折处具有一个更显著的向后齿突，头部与尾夹不是鲜艳的暗红色，六足腿节端部颜色明显变暗，由此可将二者区别。

形态描述

体狭长，腹末具有尾须所特化成的夹子，前翅短小、革质，后翅不可见。头、前胸背板大部、腹部、尾夹都为黑褐色；革翅、六足黄色，但各足腿节端部和胫节基部明显变为暗色。雄性尾夹短，但基部甚宽厚，端部突然向外歪曲呈牛角状，尾夹形状的转折处具有一个向后延长的圆形齿突；雌性尾夹较弱小。

体长12 ～ 17mm。

导虫指南

本种在北京于门头沟、东灵山、小龙门、百花山都有发现，可灯诱。6—9月可见成虫。

♂

摄影/杨南

异螋

拉丁学名 *Allodahlia scabriuscula*

分类归属 革翅目 球螋科

北京山区栖息的球螋之一，雄性拥有形状夸张的漂亮尾夹，为北京所有蠼螋当中尾夹最大者。异螋属的种类普遍体壁坚硬，尾夹巨大而奇异，与甲虫有些异曲同工之妙，受到不少昆虫迷的喜爱。

形态描述

体相对不很狭长、略宽扁，革翅鞘翅化、坚硬，并具有明显的缘折和缘折脊，后翅露出部分短小，腹末具有尾须所特化成的夹子，全身黑褐色，足与尾夹颜色略浅，有时透出暗红褐色，触角第11、12节黄色。雄性尾夹自基部向外强烈弯曲，然后转为笔直，到端部再急剧向内弯曲，其长度可明显超过腹长；雌性尾夹不异形，但也很长。

体长19～29mm。

寻虫指南

本种在北京怀柔、密云山区最常见，云蒙山、百泉山等地数量较大。6—9月可见成虫。

♂

黑蚱蝉

别名 唧鸟儿

拉丁学名 *Cryptotympana atrata*

分类归属 半翅目 蝉科

北京城区最常见的蝉，初夏就开始以不变的音调长鸣。过去，北京但凡在杨、柳树下，每逢6、7月份，只要于夜晚打着手电筒探寻，就不难见到破土出洞的“唧鸟猴儿”奋力往树上爬行的场景。即使没有手电筒也没关系，在路灯下、在胡同里月光下，正在羽化和刚羽化而出的黑蚱蝉，挂满了树干。夏夜，沿街、树后，摇曳的手电光处不时传出喜悦的呼喊，那样的场景是当年的捉蝉少年共同的回忆。

形态描述

体大、黑色，体表有许多金黄色倒伏毛，因而看起来有金色光泽；翅基部有大面积的黑斑，但基半部翅脉橘黄色，看上去不黑，反而明亮；六足上有许多橘黄色斑纹。

体长67～72mm（含翅）。

寻虫指南

本种在北京平原地区和低、中海拔山地遍布，城区极为多见，过去三环路沿线两侧的杨树下极多，如今在公园和树林里数量仍很多。5月中旬始见，6—7月为本种成虫高峰期，至9月已少见。

蒙古寒蝉

别名 伏天儿

拉丁学名 *Meimuna mongolica*

分类归属 半翅目 蝉科

北京城区第二常见的蝉，盛夏开始“应景”地鸣奏，发出类似“伏天儿——伏天儿——”一样的叫声。这种蝉比黑蚱蝉瘦小，体色带绿，雌性腹末尖长，易于相互区别。其鸣声不如黑蚱蝉大，不吵耳，在黑蚱蝉数量多的地方，本种常较少，但有些地方本种聚成大群，也可制造响彻四野的合奏。

形态描述

体中型，较瘦长。体色斑驳：黑色、白色、褐色、绿色交杂，远观显灰绿色。腹部末端具有白色粉霜；翅基部无大面积的黑斑，翅端半部有黑色小斑；六足上有许多橘黄色斑纹。

体长35 ~ 49mm（含翅）。

寻虫指南

本种在北京平原地区和低海拔山地遍布，在三伏天前后很容易听见其鸣声。在黑蚱蝉少的地方，本种常更多。6月始见，7—8月为本种成虫高峰期，至9月已少见。

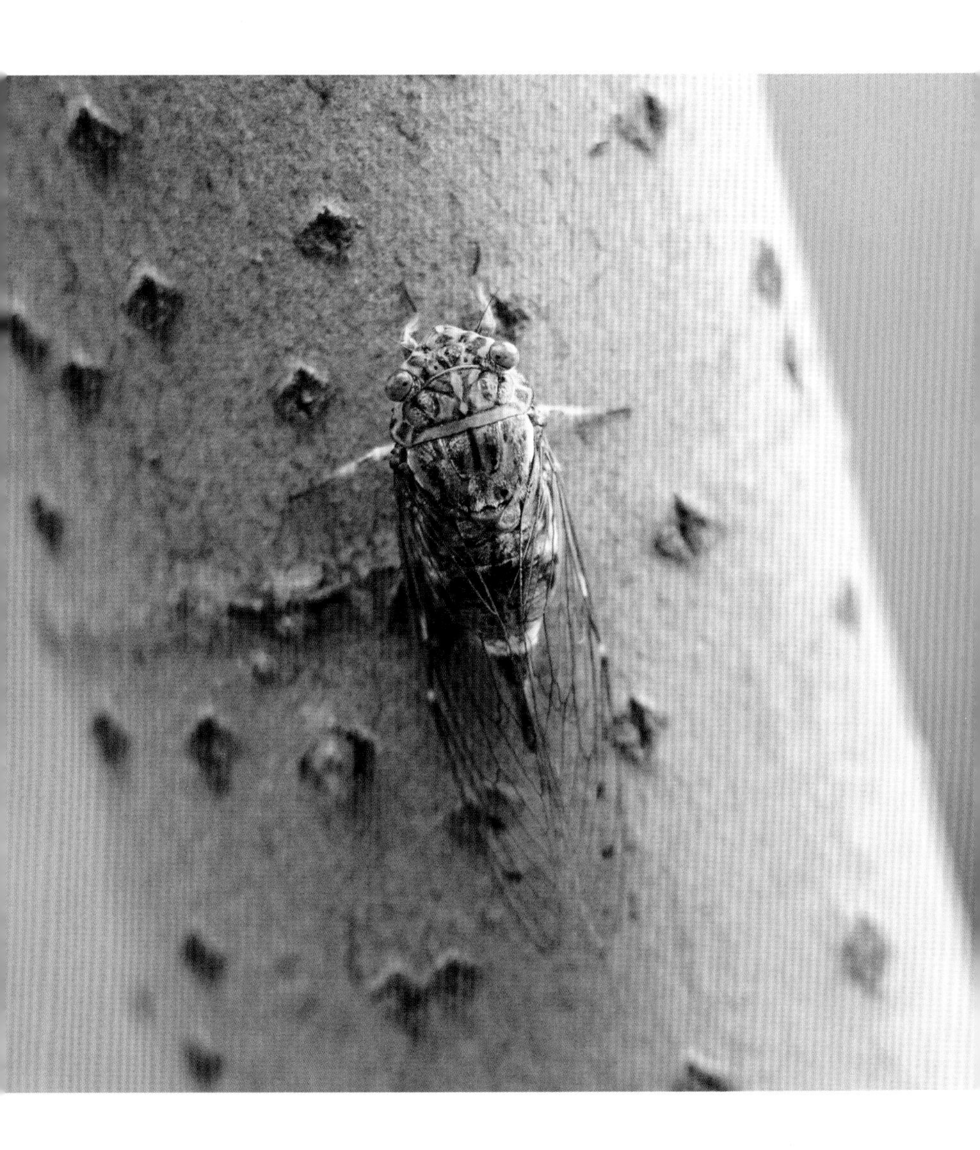

鸣鸣蝉

别名 乌英哇

拉丁学名 *Hyalessa maculaticollis*

分类归属 半翅目 蝉科

北京山区从夏末到秋季最常见的蝉，其雄虫鸣声为快速重复多次“乌英乌英”节奏性的发音后，以大长降调的“哇——”作为该轮鸣唱的结束，因此俗称“乌英哇”。这种蝉比黑蚱蝉略小，体色带绿，腹多白霜，容易识别。

本种因“鸣鸣蝉寄蛾”而著名，鸣鸣蝉寄蛾作为少见的寄蛾科的代表种类，入选1999年出版的《中国珍稀昆虫图鉴》。这本书中的许多珍奇昆虫，其特色形象或有趣典故都深深植于那个昆虫科普书极度匮乏的年代的昆虫爱好者心中。因而，经该书科普，鸣鸣蝉与鸣鸣蝉寄蛾一同成为著名昆虫。

另外值得一提的是，本种曾长期误用*Oncotympana maculaticollis*的异名，现被订正为透翅蝉属*Hyalessa*成员，有人将其直译并改称为“斑透翅蝉”。笔者考虑到“鸣鸣蝉”一名作为极少数“在国内流传甚广且知名度极高”的昆虫名称，其已深入人心，且其本来就不是按拉丁种加词直译而成的中文名称，因此建议只改拉丁名、不改中文名。

形态描述

体较大。体色斑驳：黑色、白色、墨绿色、草绿色交杂，远观显暗绿色。中胸背板后缘和腹前半部常密被白色粉霜；翅基部无大面积的黑斑，翅端半部有黑色小斑；六足上有黄绿色斑纹。

体长56～63mm（含翅）。

寻虫指南

本种在北京平原地区很少见，近山和山区极常见，在夏末和秋季很容易听见其鸣声。7月始见，8—9月为本种成虫高峰期，10月仍有。

蟪蛄

别名 小热儿热儿

拉丁学名 *Platypleura kaempferi*

分类归属 半翅目 蝉科

北京山区夏季最常见的蝉，其雄虫不断重复着急促而单调的节奏性发音。这种蝉在北京四大常见蝉之中体形最小，前翅全是花斑、不透明，易于识别。

形态描述

体宽短，体色十分斑驳：黄褐色、黑褐色、黄白色、绿色交杂，连前翅上也斑驳，透明区域很少。整体远观显灰褐色，与树皮同色，为效果极强的保护色。后翅除边缘外，为黑褐色。

体长22～29mm（含翅）。

寻虫指南

本种在北京常见于山区，但因保护色极佳而不易被发现。相比黑蚱蝉、蒙古寒蝉、鸣鸣蝉喜笔直主干的大树，本种更常见于山桃、山杏等中型乔木的横枝与斜枝上，可循其鸣声寻找。6—8月为本种成虫高峰期。

斑衣蜡蝉

别名 花蹦蹦儿

拉丁学名 *Lycorma delicatula*

分类归属 半翅目 蜡蝉科

极常见昆虫，并且为北京城区最常见昆虫之一，只要有臭椿树几乎就能看到本种。在其灰粉色的淡雅前翅下，隐藏着鲜红色的后翅，在跳起来飞行或恐吓敌人时，都可以看到其艳丽的后翅。

形态描述

无论从侧面还是背面观察，都近三角形，头尖小，腹宽阔。前翅灰粉色，端部除翅脉外变为黑色，翅基部和中部有黑色斑点；后翅基半部鲜红色杂以黑点，端部黑色，中部具有一个白色或略发蓝色的大斑。其幼虫也

为人所熟悉：1～3龄幼虫黑色，杂以白色星点；4龄也是末龄幼虫变为鲜红色，杂以白点和黑斑。

体长17～22mm。

寻虫指南

本种于平原和山区都有，于城区更是极为常见，只要有臭椿树，就几乎一定有本种聚集。有时也能在葡萄、香椿的枝干上看到。6月始见成虫，可存活至11月下旬。

湖北长袖蜡蝉

拉丁学名 *Zoraida hubeiensis*
分类归属 半翅目 袖蜡蝉科

本种体形奇异，虽然身体十分短小，但前翅极长，且总是向两侧竖立，状如隐形战机或回旋镖。本种在“中国昆虫爱好者论坛”时代以来，一直被错认为甘蔗长袖蜡蝉*Z. pterophoroides*。在以讹传讹下，几乎中国北方的此种都被定为“甘蔗长袖蜡蝉”。相比之下，本种体形更大、翅更狭长、前翅中脉分叉更多，在笔者看过的所有北京记录里，所谓“甘蔗长袖蜡蝉”实际上都是本种。

形态描述

体短小，前翅数倍于体长，于体背向两侧竖立，二翅夹角接近直角，而使正面观其整体如回旋镖形状。体淡色，前翅前缘黑褐色，其余翅面透明，翅脉乳白色；后翅短小。

体长14～17mm（含翅）。

寻虫指南

本种于山区广布，但数量不多，有时在桑树上密集。北京植物园、云蒙山、雾灵山、玉渡山等地有记录。7—8月可见成虫。

透明疏广蜡蝉

拉丁学名 *Euricania clara*

分类归属 半翅目 广翅蜡蝉科

本种为北京最常见的广翅蜡蝉，翅极宽大，近三角形，大部分翅面透明。

形态描述

体较小，翅宽阔，近三角形。前翅大部区域透明，翅前缘则为黑褐色，其中具黄斑，翅脉以黑褐色为主。

体长10～12mm（含翅）

寻虫指南

本种于山区广布，且常见，近山城区一些地点也有相当数量，如北京植物园、北京大学校园等地，7～9月可见成虫。

红脊角蝉

拉丁学名 *Machaerotypus* sp.

分类归属 半翅目 角蝉科

北京最漂亮的角蝉之一，具有独特的红黑相间的外观。北京的红脊角蝉以前一直被定为苹果红脊角蝉*M. mali*，但笔者所见过的记录，其实均非该种。北京所产的红脊角蝉，其实十分接近延安红脊角蝉*M. yananensis*，但因本属可能潜在新种较多，这里暂不定种。

形态描述

体小型，前胸背板上肩角呈弧形阶状，红色；前胸背板向后延长呈尖长脊状，红色，复眼也为红色，身体其余部分均为黑色。

体长7～7.5mm

寻虫指南

本种于山区广布，但数量不多，松山、百花山、小龙门等地多见记录。5—11月可见成虫。

麻皮蝽

别名 臭大姐、臭板子

拉丁学名 *Erthesina fullo*

分类归属 半翅目 蝽科

麻皮蝽即为北京人最熟悉的“臭大姐”，也是被称为“臭大姐”的蝽中最为人所熟知一种，其常在深秋出现于纱窗上、院落里，其实是在寻找温暖避风处作为越冬地。本种的臭液味足量大，能射人一手，一旦被其臭味沾染，常浓臭四溢且经久不绝，因此人们对其“谈虫色变”。

形态描述

较大的蝽，头十分尖长。全身黑色，遍布淡黄色麻点，远观整体显灰褐色，与树皮近似；从头顶到前胸，中央被一条淡黄色线条纵贯；触角末节和各足胫节具有淡黄斑；腹部边缘露出部分为黑褐色与淡黄色相间。

体长21～24.5mm。

寻虫指南

本种到处遍布，在深秋时常聚集在窗前院角。越冬成虫3月可见出没，9—10月为当年新羽化成虫的活动高峰，至11月基本躲藏起来越冬。躲藏在室内的个体，可以在任何温暖的时候爬出来活动。

摄影／严莹

茶翅蝽

别名 臭大姐、臭板子
拉丁学名 *Halyomorpha picus*
分类归属 半翅目 蝽科

本种也是北京最常见的蝽之一，人们将其与麻皮蝽都混称为“臭大姐”。但本种体形至多仅为麻皮蝽的2/3，头不尖长，体色虽也斑驳但不具有遍布的黄色麻点，触角末节和次末节都有黄斑，以此可与麻皮蝽区别。

形态描述

全身茶褐色，具有斑驳细密的麻纹，有些个体的前翅革质部带紫红色。腹部边缘露出部分为黑褐色与淡黄色相间。触角末节和次末节都有黄斑。

体长12～16mm。

寻虫指南

本种到处遍布，有时比麻皮蝽还常见，在深秋时常聚集在窗前或院角。越冬成虫5月可见出没，8—9月为当年新羽化成虫的活动高峰，至11月基本躲藏起来越冬。躲藏在室内的个体，可以在任何温暖的时候爬出来活动。

斑须蝽

别名 臭大姐、臭板子

拉丁学名 *Dolycoris baccarum*

分类归属 半翅目 蝽科

北京最常见的蝽之一，常出现在作物与杂草上。本种或易与茶翅蝽、东亚果蝽混淆，但本种触角各节都具有淡黄色斑纹，且体形明显瘦小于上述两种蝽，以此可与之区别。

形态描述

体色多变：茶褐色、紫红色者皆有；亦有体大部为茶褐色，唯前翅革质部为紫褐色的个体。小盾片茶褐色，具有斑驳细密的麻点，端部常为亮黄色。腹部边缘露出部分为黑褐色与淡黄色相间。触角每节都有黄斑。

体长8～13.5mm。

寻虫指南

本种从城区到山区遍布，相当常见，但因体形较小，可能并不引起人们注意。越冬成虫4月可见出没，夏季最常见，至10月基本已不可见。

东亚果蝽

别名 臭大姐、臭板子

拉丁学名 *Carpocoris seidenstueckeri*

分类归属 半翅目 蝽科

常见椿象之一，易与茶翅蝽、斑须蝽混淆，但本种触角黑色，任何一节上都不具有淡黄色斑纹，且小盾片上有弧形凹印，以此可与上述两种蝽区别。

形态描述

体色多变：茶褐色；或体大部为茶褐色，但前翅革质部为紫红色。触角黑色；小盾片茶褐色，具有一对左右对称的弧形凹印。腹部边缘露出部分为黑褐色与淡黄色相间。

体长12 ~ 13mm。

寻虫指南

本种较常见，山区与平原都有，但因体形较小，可能并不引起人们注意。越冬成虫4月可见出没，夏季最常见，至10月基本已不可见。

赤条蝽

拉丁学名 *Graphosoma rubrolineatum*

分类归属 半翅目 蝽科

常见椿象中的高颜值种类，其橙黑相间的条纹极具辨识度。一些人会把本种当成盾蝽，其实本种只是小盾片异常发达的蝽科种类。虽然小盾片很大，但并没有大到盾蝽科“覆盖整个腹部，无任何腹部边缘露出”的地步。

形态描述

小盾片极发达，覆盖腹部，仅两侧露出腹缘。体背橙黑相间，其中头、前胸背板、小盾片上为连贯的纵条，腹部露出的边缘也为橙黑相间分布，但呈辐射状。触角与足黑色。

体长 9 ~ 11.5mm。

寻虫指南

本种强烈嗜好访伞形科的花，因此在花期的胡萝卜地里易见，在山区也可在独活、蛇床、防风等的花上寻找。5—9 月可见成虫。

宽碧蝽

拉丁学名 *Palomena viridissima*

分类归属 半翅目 蝽科

相当常见的鲜绿色椿象，容易与同样以绿色为主色调又同样常见的珀蝽混淆。但本种触角末端2节橘色，前翅的革质部绿色，以此可与触角黄黑相间、前翅琥珀色的珀蝽相区别。

形态描述

体较宽，鲜绿色，唯触角末端2节、各足跗节橘色，前翅膜质部茶褐色。体长12～13.5mm。

寻虫指南

本种在作物与杂草上均常见，但因体形较小、保护色良好，可能并不引起一般人的注意。5—9月可见成虫。

珀蝽

拉丁学名 *Plautia fimbriata*

分类归属 半翅目 蝽科

相当常见的鲜绿色椿象，容易与同样以绿色为主色调又同样常见的宽碧蝽混淆。但本种前翅琥珀色，触角黄黑相间，以此可与前翅的革质部绿色、触角末端2节橘色的宽碧蝽相区别。

形态描述

体较宽，鲜绿色，前翅革质部琥珀色至茶褐色，触角第3～5节都为黄色，其中具有一个黑色环纹，而令触角整体看上去黑黄相间。

体长8.5～11mm。

导虫指南

本种在作物与杂草上均常见，但因体形较小、保护色良好，可能并不引起一般人的注意。5—9月可见成虫。

蓝蝽

拉丁学名 *Zicrona caerulea*

分类归属 半翅目 蝽科

体色纯蓝，易于辨认。本种虽然体形很小，但却捕食许多蝶、蛾幼虫，因而对农业有益；但其吸食多种作物，又有一定危害。对人类来说，其亦正亦邪，拥有“双面虫生”。

形态描述

体小型，全身蓝色，有强烈金属光泽。

体长6～9mm。

寻虫指南

本种数量不多，且还没有指甲盖大，但因为体色靓丽，容易引起注意，田间和杂草上有一定概率遇到本种。5～10月可见成虫。

菜蝽

拉丁学名 *Eurydema dominulus*

分类归属 半翅目 蝽科

具有脸谱般花哨的外观，斑驳的红色与黑色斑块使本种极具辨识度。在同一种群中，体色常有黄色、橙色、红色的个体差异变化。

形态描述

体小型，全身具有红黑相间的大斑块，有些个体为黄黑相间。体长6～9.5mm。

寻虫指南

本种数量极大，虽然体形小，但因为体色靓丽，容易引起注意。在十字花科作物（白菜、萝卜、油菜等）上有很大概率见到本种，4—10月可见成虫。

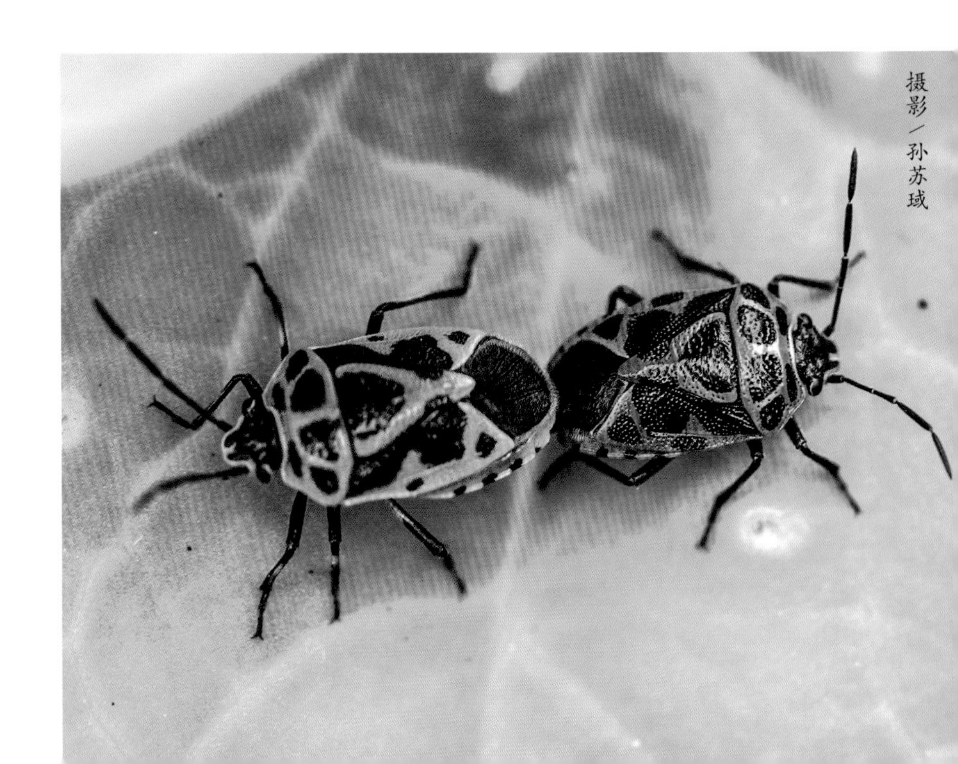

摄影／孙苏珹

横纹菜蝽

拉丁学名 *Eurydema gebleri*

分类归属 半翅目 蝽科

因黑色面积更多，本种不如菜蝽好看。很难说得清横纹菜蝽与菜蝽谁更“菜”，因为它们都极常见，且经常数量大到泛滥的程度。和菜蝽一样，本种体色常有个体差异变化。

形态描述

体小型，全身具有黑色、白色与彩色相间的大斑块，其中的彩色部分在不同个体间可为橘色或更偏红色。翅与小盾片上黑色占据了绝大部分面积，而显得色彩不是很艳丽。

体长5.5～8.5mm。

寻虫指南

本种数量极大，但体形小，且体色不是很靓丽，不太容易引起注意。在十字花科作物（白菜、萝卜、油菜等）上有很大概率见到本种。4—10月可见成虫。

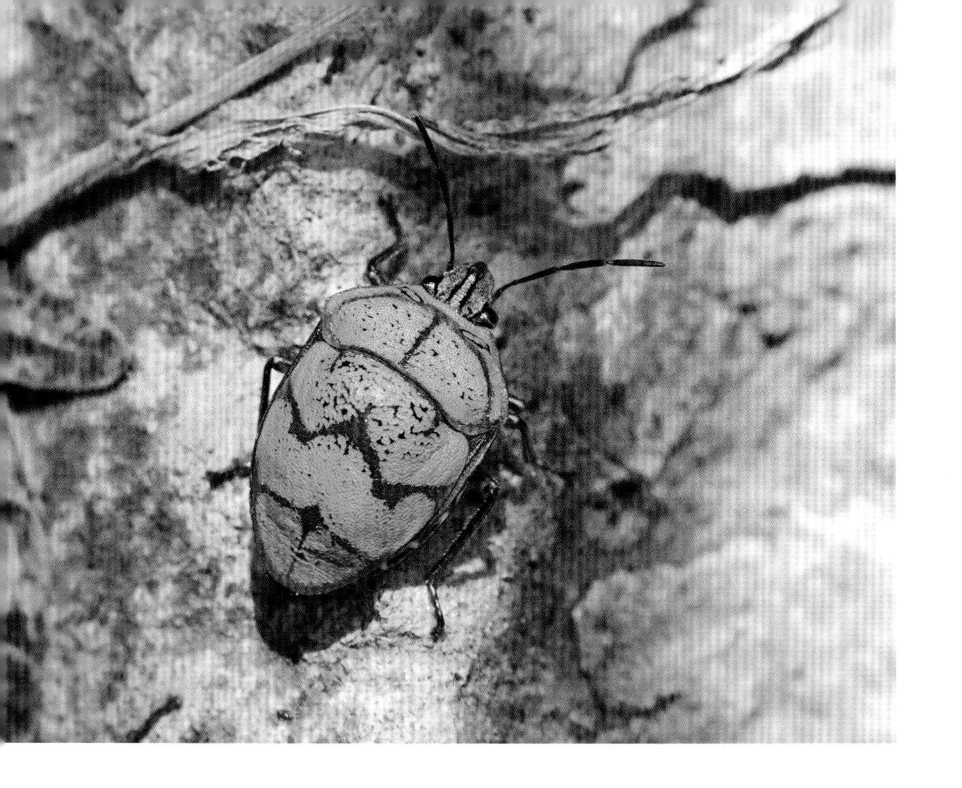

金绿宽盾蝽

拉丁学名 *Poecilocoris lewisi*
分类归属 半翅目 盾蝽科

本种可能是北京最漂亮的椿象，其靓丽的外观曾刷新了许多人对“臭大姐”的刻板印象，极高的颜值甚至超过了许多著名的观赏性甲虫。

幼虫

形态描述

体中型，体背绿色，具有荧光感；前胸背板、小盾片上具有数条粉色条带，色彩极为靓丽。本种的幼虫也极具特色：近半球形，黑白配色似熊猫。

体长15 ~ 17mm。

寻虫指南

本种广泛见于低山地带，在侧柏林中特别常见，百望山、香山、八大处、妙峰山等浅山区即非常多见。4—11月可见成虫。

中国螳瘤蝽

拉丁学名 *Cnizocoris sinensis*

分类归属 半翅目 猎蝽科

本种为北京蝽类当中的人气种类，具有与螳螂类似的前足，在北京的陆生蝽类中为唯一具有典型捕捉足的种类。瘤猎蝽亚科因前足形态特异，受到昆虫爱好者普遍追捧。

形态描述

体小型，前足为捕捉足，肩角尖刺状，腹中部向两侧扁扩。体大部褐色，头部颜色较黑，复眼红色。雌雄腹部形态差异较大：雌性腹部比雄性宽阔很多，且为芥末绿色；雄性腹部较狭，灰白色，具有黑斑。雌性的六

♂

足和腹面也为芥末绿色，雄性六足为褐色。整体观感上，雌性比雄性靓丽很多。

体长9～10.5mm。

导虫指南

本种广泛见于山区，攀附在各种植物上伺机捕猎，雌性体形更大，体色对比度也高，更容易发现。百望山、香山、八大处、妙峰山等浅山区即非常多见。7—10月可见成虫

圆臀大黾蝽

别名 卖油郎、卖油的、卖香油的、卖酱油的

拉丁学名 *Aquarius paludum*

分类归属 半翅目 黾蝽科

本种为北京最容易引起人们注意的黾蝽，其他黾蝽或体形较小或仅生活于山地溪流中，唯本种既较大又到处遍布，人们以各种带“油”的土名称之，言其能浮在水面的特点。

形态描述

体暗褐色，具有不明显的灰白色边缘。躯干狭长、梭状，中、后足极为细长。腹部第7节后方两端具有尖刺，似尾须，超过腹末端。成虫翅分为长短二型：长翅型翅覆盖到末端，短翅型翅仅约为腹长之半。

体长11.5～16.5mm。

寻虫指南

本种遍布一切较为平静、开阔的水域，在城区公园的池塘或湖泊中极为常见。6—11月可见成虫。

摄影/王瑞卿

炎黄星齿蛉

拉丁学名 *Protohermes xanthodes*

分类归属 广翅目 齿蛉科

本种为北京三大广翅目昆虫当中最常见的一种。在水质较好的山地溪流和河流中几乎都有本种，过去其分布更为广泛，在城区都能见到。本种数量多，是“原生态水环境保护得好”的有力证明。

形态描述

体中型。翅较宽大，呈屋脊状覆于两侧，而令整体显得更大。躯体金黄色，具有一系列黑斑；翅透明，翅脉大部分为黑色，翅面上具有一系列黄白色斑纹，斑纹区域内翅脉也变为淡黄色，因而远观翅上似有一系列星点状淡纹。

体长46～64mm（含翅）。

寻虫指南

本种遍布山区，在水质良好的溪流和大河中常见。白天很不易见，但夜间通过灯诱方式可轻易见到，有时因趋光而飞到山区民居窗户上、院落里。5—8月可见成虫。

♂

东方巨齿蛉

拉丁学名 *Acanthacorydalis orientalis*

分类归属 广翅目 齿蛉科

本种为北京三大广翅目昆虫当中最大的一种，是北京少有的巨大型昆虫。其雄性具有锹甲一般的发达上颚，极为威武、奇异，因而成为著名观赏昆虫，受到昆虫爱好者的普遍喜爱。其仅见于少数水质极好的山地溪流和河流，是“环境指示性物种”，其数量多是环境好的证明。

♀

形态描述

体大型至巨大型，翅较宽大，呈屋脊状覆于两侧，而令整体显得更大。躯体具有橘黄色与黑色密集交杂的斑驳花纹，上颚暗红褐色；翅烟褐色，翅脉黑色，翅面上具有许多黑褐色斑纹，而显得斑驳。雄性上颚极发达，长度可超过头与前胸之和。

体长93～137mm（含翅）。

寻虫指南

本种仅在山区少数水质良好的大河中数量稍多，在溪流环境中数量较少，白天很不易见，但夜间通过灯诱方式可轻易见到，有时因趋光而飞到山区民居窗户上、院落里。6—7月可见成虫。

圆端斑鱼蛉

拉丁学名 *Neochauliodes rotundatus*

分类归属 广翅目 齿蛉科

本种为北京三大广翅目昆虫当中最少见的一种，其既没有强壮威武的身躯，也没有鲜艳靓丽的颜色，完全凭借“少见”而成为北京昆虫中被人津津乐道的种类。其仅见于少数水质极好的山地溪流和河流，是“环境指示性物种”，见到它是环境好的证明。

形态描述

体中型偏小，头与前胸较细，翅宽大，呈屋脊状覆于两侧，而令整体显得更大。躯体橘黄色，具有一系列黑褐色斑纹；翅透明，具有大小不一的黑斑。触角略呈栉状，可区别于北京另外两种广翅目昆虫。

体长43～55mm（含翅）。

寻虫指南

本种曾在山区遍布，连关沟、香山都很常见，如今仅在少数水质良好且未曾断流的水域中有少量。6—8月可见成虫。

汉优螳蛉

拉丁学名 *Eumantispa harmandi*

分类归属 脉翅目 螳蛉科

螳蛉前足特化为捕捉足，外观神似迷你螳螂，加上体色鲜黄，比螳螂更加艳丽，因而成为脉翅目中的高人气类群，受到不少昆虫爱好者的喜爱。其前足以外的身体构造，也发生和螳螂相似的功能性变形，二者关系相差甚远，但进化得形态高度相似，谓之“趋同进化”。

形态描述

体似螳螂的鲜黄色小虫，前足为捕捉足，腹部具有黑褐色条纹，翅透明，具有黄褐色翅痣和黑色翅脉。

体长20～33mm（含翅）。

寻虫指南

本种广布于北京中等海拔高度的山区森林中，有趋光性，在东灵山、百花山、小龙门、松山、雾灵山等地灯诱时常见。7—9月可见成虫。

黄花蝶角蛉

拉丁学名 *Libelloides sibericus*

分类归属 脉翅目 蚁蛉科／蝶角蛉科

本物种的颜色相当华丽，是北京最美的脉翅目昆虫，没有之一。因其翅形与色彩的缘故，常有人会把它当成蜻蜓或蝴蝶。

形态描述

体中型，触角很长，端部膨大呈球状，躯体黑色，具有一些鲜黄色小斑；翅大面积鲜黄色，杂以黑纹，极鲜艳；六足也为黑黄相间。头部前端和下方具有发达的毛簇。

体长23～36mm（含翅和毛簇）

寻虫指南

本种见于低山灌丛地带，5～6月可见成虫。

摄影／郝建国

中华幻草蛉

拉丁学名 *Nothochrysa sinica*

分类归属 脉翅目 草蛉科

绝大多数草蛉都为长相相似的绿色小虫，不免令人审美疲劳，但也有少数草蛉具有不常见的暖色系色彩，这样的草蛉在北京很罕见。中华幻草蛉就是体形大且鲜黄色的草蛉种类，在北京种类繁多的草蛉中颜值较高。

形态描述

体中型，触角约为前翅长的2/3。身躯鲜黄色，具有一系列紫褐色斑纹。翅透明，翅横脉大部分黑色，纵脉多白色。

体长22～25mm（含翅）。

寻虫指南

本种草蛉很少见，在北京地区，其仅在雾灵山被发现过少量。6～7月可见成虫。

普通叉长扁甲

拉丁学名 *Tenomerga anguliscutis*

分类归属 鞘翅目 长扁甲科

本种虽名字里有“普通”二字，但它在北京其实很不普通。长扁甲科作为古老的原鞘亚目甲虫的现生代表，种类稀少，体形特殊，引起一代又一代甲虫爱好者普遍的猎奇心理。

本种虽广布，但在北京数量稀少，仅著名昆虫学家杨集昆先生有过“在学校墙上一次性发现较多个体”的神奇经历。在此之后，其虽被后辈昆虫发烧友惦记和寻找，但在无数人频繁地野外探寻下，多年来仅被少数几人各偶遇1只。因此，前辈过于轻松的发现，和后辈穷极能力却几无所获的情况，形成了极大的反差，令本种愈加神秘。

因其分类地位特殊，又十分难得一见，本种成为“中国昆虫爱好者论坛”时代的“北京神物”之一，凡能偶遇者，均可引起全论坛轰动。

形态描述

体小型，狭长又极扁，触角较长，约相当于体长的2/3，宽扁。通体褐色至灰褐色，鞘翅上具有一些长短不一的深褐色纵条。

体长10～17mm。

寻虫指南

本种没有已知有效的发现方法，其历史记录中多见“墙壁上聚集”的报道，在一些地方甚至成为“居室害虫”。但在杨集昆先生发现之后，尚无人在北京见过那样的场面。其在北京已知的发现地有香山、百望山、中国农业大学校园（西区）。6—7月可见成虫。

芽斑虎甲

拉丁学名 *Cicindela gemmata*

分类归属 鞘翅目 步甲科

在细沙路上，人走几步，虫子就往前飞几米，始终玩着追逃游戏的甲虫，大概率就是本种了。以低姿态缓慢靠近，是裸眼观察虎甲的最佳方式，为此，观察者需要有一对健康的膝盖呢。

形态描述

体色多变，锈色、暗铜绿色、暗蓝色皆有，北京所见个体几乎都为锈色。鞘翅具有4组淡黄白色花斑：中部具有一对波浪状纹，前端与后端靠近边缘处也各具有一对点斑，末端弧纹有时与点斑相连；前端的一对点斑中部、靠近中缝位置还具有一对黑色小凹坑。

体长16～19mm。

寻虫指南

本种常见于沙地，尤其是溪流与河流岸边的沙地上，有大概率寻见，数量很多。4—6月可见成虫。

萨哈林虎甲

拉丁学名 *Cicindela sachalinensis*
分类归属 鞘翅目 步甲科

本种和芽斑虎甲相似，但鞘翅末端无弧纹镶边，中缝附近也没有一对黑色凹坑，本种常出没于林下而非水边沙地上，可以此区别二者。

形态描述

体色多变，紫色、暗铜绿色、暗蓝色等皆有，北京所见个体暗蓝色者较多。鞘翅具有3组淡黄白色花斑：中部具有一对波浪状纹，前端与后端靠近边缘处也各具有一对点斑。

体长15～20mm。

寻虫指南

相对于沙地本种更喜栖息在林下，在林间小道和森林中的大石头上最易寻见，属零星遇见型，不如芽斑虎甲那样密集。5—8月可见成虫。

多型虎甲

拉丁学名 *Cicindela coerulea nitida*
分类归属 鞘翅目 步甲科

本种体前方绿色，鞘翅为艳丽的紫红色，在北京没有与之类似的其他虎甲，易于识别。北京及周边常见者为红翅亚种*nitida*，虞国跃老师在《北京甲虫生态图谱》中还记载了山东亚种*shantungensis*，该亚种鞘翅斑纹细弱，但这些亚种或可归并。

形态描述

头、前胸、足都为金属绿色，其中或杂以红色；鞘翅紫红色，具有3组淡黄白色花斑，其中前端的花斑有时间断，形成肩角处独立的点斑。有记载鞘翅也可为绿色，但北京周边未见该色型。

体长15.5～17.5mm。

寻虫指南

本种喜非水边的旱地与沙地，其他环境中极罕见。6—8月可见成虫。

绿步甲

拉丁学名 *Carabus maragdinus*

分类归属 鞘翅目 步甲科

大步甲属*Carabus*被称为“移动的宝石”，其中不少种类拥有漂亮的色彩，又大多具有千变万化的鞘翅纹理，因而广受昆虫爱好者喜爱，为世界著名观赏类甲虫。本种即为北京11种大步甲里最常见的3个种类之一，且相当漂亮。

形态描述

体色为干涉色，依据观察角度不同色彩会发生些许变化。北京所产绿步甲的常见色型为头与前胸红色、鞘翅翠绿色，亦有体背面全为绿色或全为红色的个体。足与触角黑色。鞘翅上具有一系列大小不一的黑色光滑瘤突。

体长29～47mm。

寻虫指南

本种分布广泛，城区与山区都很常见。在山区，翻起较大的石头，在石头下有一定概率发现本种；在城区，其在附近有较大片野地的墙根容易寻见，可在夜晚打着墙根或马路牙子寻找。本种嗜食蜗牛，如在蜗牛多的地方，夜晚更易见到本种。5—9月可见成虫。

麻步甲

拉丁学名 *Carabus brandti*

分类归属 鞘翅目 步甲科

本种为北京11种大步甲里最常见的3个种类之一，头很宽大。其捕食蜗牛的方式与其他大步甲种类都不同，它不是将头探进蜗牛壳深处，而是直接将蜗牛壳咬碎取食其肉。

形态描述

体黑色。头宽大，前胸背板后部和鞘翅基部显著收狭，而使整体呈葫芦形，其体形在北京的大步甲中最为特殊。鞘翅上具有一系列大小较均一且密集的黑色光滑瘤突。

体长24 ~ 34mm。

寻虫指南

本种分布广泛，城区与山区都很常见。在山区，翻起较大的石头，在石头下有一定概率发现本种；在城区，其在附近有较大片野地的墙根容易寻见，可在夜晚沿着墙根或马路牙子寻找。本种嗜食蜗牛，如在蜗牛多的地方，夜晚更易见到本种。4—10月可见成虫。

罕丽步甲

拉丁学名 *Carabus manifestus*

分类归属 鞘翅目 步甲科

本种为北京11种大步甲里最常见的3个种类之一，因相当常见而总被爱好者吐槽“罕丽步甲一点也不‘罕’”。不过，其部分色型还是相当罕见的，比如蓝色个体，或可称为千里挑一。

形态描述

体色多变：红铜色、仓绿色、绿色、深蓝色、黑色等，其中红铜色个体最常见，蓝色个体最罕见。体形相对短圆。鞘翅上间断的瘤突与三行一组的细脊交错排列。

体长19～23mm。

寻虫指南

本种在山区分布广泛，松山、雾灵山、东灵山、喇叭沟门都相当多，经常一块石头下能翻出两三只来，白天漫步于林下，也有较大概率遇到本种在地表游荡。6—9月可见成虫。

碎纹粗皱步甲

拉丁学名 *Carabus crassesculptus*
分类归属 鞘翅目 步甲科

本种为北京11种大步甲里最靓丽的，是“蓝色控”的福利。虽然广布于山区，但本种数量不多，不像绿步甲、麻步甲、罕丽步甲那样因数量很多而容易寻获。

形态描述

体色具有闪蓝色或深蓝色金属光泽，足与触角黑色。鞘翅上具有细碎的褶皱，与整齐的断线状纵脊杂糅在一起，而呈现出一种特殊的混合纹理。

体长20～30mm。

寻虫指南

本种在山区分布广泛，东灵山、小龙门、松山、百花山都有，但数量不多，可翻起林下、林缘的石头寻找。6—9月可见成虫。

长叶步甲

拉丁学名 *Carabus crassesculptus*

分类归属 鞘翅目 步甲科

本种大步甲也很特殊：前胸背板两侧具有“长叶”。北京没有与其近似的物种，前胸背板侧叶的发达程度，令其非常容易辨认。

形态描述

体黑色，反光程度较强。前胸背板两侧具有上翘的侧叶，并向后角方向显著延长。鞘翅上仅有细微的沟条和刻点列，无显著的瘤突。

体长 23 ~ 28mm。

导虫指南

本种在山区分布广泛，东灵山、小龙门、喇叭沟门、松山都有，可翻起林下、林缘的石头寻找。6—9 月可见成虫。

粒步甲

拉丁学名 *Carabus granulatus*
分类归属 鞘翅目 步甲科

本种大步甲体较扁平，鞘翅纹理特殊，在北京没有与之近似的物种，易于辨认。有蓝色光泽的本种，比黑色的要罕见很多。

形态描述

体黑色，有些个体带暗蓝色光泽。体较扁平，鞘翅末端略尖、不圆。鞘翅上断点状瘤突纵列与粗直的隆脊交替排列，如轮胎印，很美观。

体长16～30mm。

导虫指南

本种在中等海拔高度的山区分布广泛，雾灵山、云蒙山、水头等地较易见，可翻起林下、林缘的石头寻找。7—9月可见成虫。

沟步甲

拉丁学名 *Carabus canaliculatus*

分类归属 鞘翅目 步甲科

本种大步甲特色鲜明：鞘翅上具有3条强脊，加上中缝处也隆起为脊，整个鞘翅背面形成“七道棱”结构，脊之间便看似凹沟，故名沟步甲。本种易于辨认，在北京没有与之近似的物种。

形态描述

体黑色，较扁平，但鞘翅上具有强脊，而又显得不太扁平。每片鞘翅上具有3条强脊，间隔近似，翅缘和翅中缝处也强化隆起呈脊状。

体长21～35mm。

寻虫指南

本种在中等海拔高度的山区栖息，雾灵山、百花山等地较易见，可翻起林下、林缘的石头寻找。6—9月可见成虫。

刻翅步甲

拉丁学名 *Carabus sculptipennis*

分类归属 鞘翅目 步甲科

本种大步甲在北京的11种大步甲中，形象最为单调乏味，可以说“看似没有特色”就是它最大的特色，因此，本种大概是北京最不受爱好者喜爱的一种大步甲。

形态描述

体黑色，较短圆，光泽较弱。鞘翅上密布低矮平缓的瘤突，既无深沟也无强脊，观感平淡无奇。大部分个体触角第5～11节被棕色微毛。

体长21～25mm。

寻虫指南

本种在中、高海拔高度的山地栖息，小龙门、百花山、东灵山、海坨山等地易见，可翻起林下、林缘的石头寻找。4—9月可见成虫。

肩步甲

拉丁学名 *Carabus hummeli*

分类归属 鞘翅目 步甲科

本种大步甲在北京的11种大步甲中，为最晚被发现的一种。在国内，本种以前仅记录于东北地区。2008年，昆虫学者刘晔首次报道本种在北京的发现记录。其后，本种被发现在北京多地有分布。

形态描述

体瘦狭。色彩多变：绿色、红色、紫色、蓝色、黑色，或上述不同颜色出现在身体的不同部位；但北京所产个体，多为黑色或蓝紫色。鞘翅上由长短不一的隆线组成密集的条纹纵列。

体长20～30mm。

寻虫指南

本种在较高海拔高度的林下、林缘栖息，百花山、海坨山等地有发现，可翻起石头寻找。6—9月可见成虫。

五斑棒角甲

别名 五星棒角甲

拉丁学名 *Platyrhopalus paussoides*

分类归属 鞘翅目 步甲科

棒角甲是北京昆虫中的“传说级神物”之一，分布广泛但数量稀少。虽然有杨集昆先生在北京妙峰山一次性采到十余只的历史记录，但后来似乎再无人于妙峰山见到。其在北京其他地点的发现，多年来也仅见零星记录，即使是最资深的虫友，大都也没有找到过它。

形态描述

体暗红色，鞘翅上有5个深褐色大斑纹。触角仅2节，第2节膨大为巨大且浑厚的圆饼状。各足的腿节与胫节也都特化膨大为宽扁片状。

体长6～8mm。

寻虫指南

本种极罕见，虽然已知其嗜蚁性，但在蚁巢中也极难发现。以其仅有的数次发现记录而言，均为6—7月见到。其产地从海拔仅100m的近郊河滩，到百花山海拔1200m处，均有发现记录。翻起石头如大海捞针般地查看蚁巢，是其已知唯一的主动找寻方式。

朱红斧须隐翅虫

拉丁学名 *Oxyporus rufus*

分类归属 鞘翅目 隐翅虫科

斧须隐翅虫是隐翅虫科中体形与色彩最悦目的类群之一，是隐翅虫中的“高人气”类群，拥有弯长的镰刀状上颚。它们是潜伏在大型伞菌中的捕食者，捕食伞菌因腐烂而滋生的其他昆虫的幼虫。本种在北京的发现为其分布地区新记录。

形态描述

头黑色，前胸背板橙红色，鞘翅黑色，肩部各具有一暗红色斑纹，腹大部橙红色，腹末黑色，足与触角橙黄色。体形较一般隐翅虫明显宽粗，具有强大的上颚，雌性的头宽度较雄性小。

体长5～8mm。

寻虫指南

6—9月在北京的中海拔山林、林缘下，略微腐烂的大型伞菌的菌褶内可以寻得，东灵山、百花山较易寻获。

日本斧须隐翅虫

拉丁学名 *Oxyporus japonicus*

分类归属 鞘翅目 隐翅虫科

本种是北京最常见的斧须隐翅虫，色彩不如朱红斧须隐翅虫靓丽。本种容易和斑腹斧须隐翅虫混淆，但本种触角棕黑色，腹部边缘无黄斑，可与触角淡黄色、腹中部边缘黄色的斑腹斧须隐翅虫相区别。

形态描述

头黑色，触角棕黑色；前胸背板黑色；鞘翅背面除后角附近黑色外，都为黄褐色；腹部黑色；足黄褐色，各足基部黑色。

体长6～10mm。

寻虫指南

6—9月在北京的中海拔山林、林缘下，略微腐烂的大型伞菌的菌褶内可以寻得，东灵山、百花山、小龙门一带较易寻获。

斑腹斧须隐翅虫

拉丁学名 *Oxyporus maculiventris*

分类归属 鞘翅目 隐翅虫科

本种容易和日本斧须隐翅虫混淆，但本种触角淡黄色，腹中部边缘全黄色，可与触角棕黑色、腹中边缘黑色的日本斧须隐翅虫相区别。

形态描述

头黑色，触角淡黄色；前胸背板黑色；鞘翅背面除后角附近黑色外，都为黄褐色；腹部黑色，第3～5节侧缘淡黄色；足黄褐色，各足基部黑色。

体长8～11mm。

寻虫指南

6—9月在北京的中海拔山林、林缘下，略微腐烂的大型伞菌的菌褶内可以寻得，东灵山、百花山、小龙门一带较易寻获。

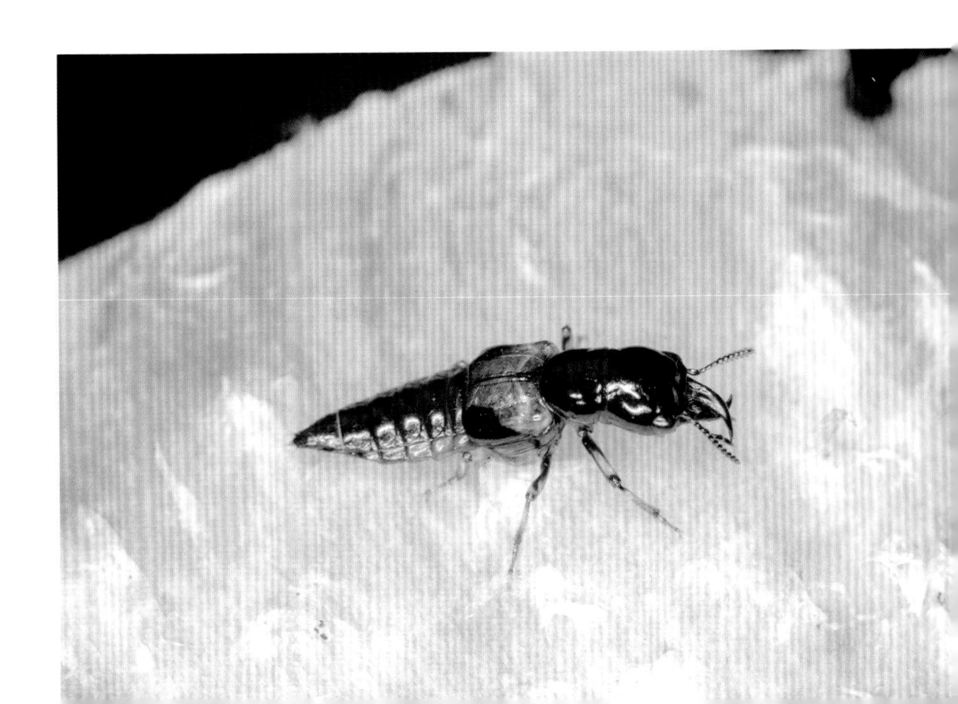

大隐翅虫

拉丁学名 *Creophilus maxillosus*

分类归属 鞘翅目 隐翅虫科

其镰刀状上颚是北京所有大型隐翅虫中最长的。雄性明显头宽颚长，比雌性更加壮硕。

形态描述

头与前胸黑色，很光亮；鞘翅与腹部具有斑驳状被毛，毛色为灰白色或灰黄色；触角与足黑色。上颚镰刀状，长且发达。

体长 16 ～ 23mm。

寻虫指南

本种世界性广布，在腐败物周围多见，灯诱也可见到。4—10月可见成虫。

黑龙江扁阎甲

拉丁学名 *Hololepta amurensis*

分类归属 鞘翅目 阎甲科

阎甲科是体形奇异的坚硬甲虫，扁阎甲*Hololepta*则是异形中的异形。为了适应树皮下的生活，其不但进化得极为扁平，还有极长的上颚。树皮下的甲虫生存在狭小的缝隙中，体形大多非常奇异，但一般极微小。本种体长可达1cm以上，是北京最大的阎甲之一，也是为数不多的可裸眼观赏的树皮类甲虫，难得一见。

形态描述

全身黑色，光亮；体长方形，极扁，但非常坚硬。上颚发达，明显超过头长。触角膝状，具有端锤，可缩在体下方的触角槽内。鞘翅短，平截，露出腹末巨大的前臀板。

体长9～11mm。

寻虫指南

本种藏匿于朽木和半死树木的树皮下，但极偶见，为北京最少见的一种树皮下栖息的阎甲，小龙门、雾灵山等地有记录。全年可见成虫。

两点锯锹

别名 褐黄前锹甲

拉丁学名 *Prosopocoilus astacoides*

分类归属 鞘翅目 锹甲科

本种的大型个体，为北京所有锹甲中大颚最长者，大颚形态美观，加之体大，因而备受昆虫爱好者喜爱。它因高颜值而逆袭成了昆虫中少有的“虽是最常见的一种，却是人气最高的一种”的特例。寻获威武帅气的两点锯锹，也就成了许多北京孩子童年寻虫的终极目标。第一次发现它的喜悦，作为人生最美好的回忆之一，深深地埋藏在许多人的心底。现在根据黄灏、陈常卿对中国锹甲的系统研究，本种采用其命名的“两点锯锹”，但值得一提的是，在此之前，它有一个流传更广、更久远的名字：褐黄前锹甲。

形态描述

醒目的橙黄色甲虫。雄性个体差异很大，依据发育程度不同，具有或巨大或较小的大颚，尤以大型个体最显雄壮威武；雌性为中型甲虫。无论雌雄，其前胸背板两侧各具有一黑色斑点，前胸前缘、鞘翅周缘也为黑色线条所点缀。

体长32～68mm（♂）；26～31mm（♀）。

寻虫指南

本种遍布北京各地低山地带，亦有上至海拔1300m的零星记录。本种嗜食发酵的树汁，在流有树汁的榆树上最易发现，于柳树、油松等树上亦有发现。成虫于6月始见，7、8月为出现巅峰，存活至9月中旬基本消失。震树法、灯诱法对本种有效。

大卫鬼锹

别名 齿棱颚锹甲

拉丁学名 *Prismognathus davidis*

分类归属 鞘翅目 锹甲科

本种是北京中、高海拔阔叶林、混交林中最常见的锹甲。雄虫具有向上翻折、扭曲的上颚，这种特征使得其绝不会与北京的其他锹甲种类混淆。

形态描述

小至中型锹甲，通体黑褐色，腹面腿节大部为暗红色。雄虫的大型个体上颚超过前胸长度，且强烈向上翻转，俯视其上颚呈“老虎钳”状；小型雄虫上颚仅与头长度相当，且瘦弱，仅如“纱剪”状。雌虫金属光泽较雄虫强。

体长22～36.7mm（♂）；18～24mm（♀）。

♂

导虫指南

本种遍布北京各中、高海拔林区，通常在海拔1000m以上多壳斗科的林缘即易灯诱到。7—8月可见。

摄影/刘晔

♂

大卫大锹

拉丁学名 *Dorcus davidis*

分类归属 鞘翅目 锹甲科

本种虽然上颚并不很长，体形也不很大，但宽阔、敦实，属于过去虫友间自发形成的传统称谓中“大锹”的范畴，是受北京虫友喜爱的种类。

♀

形态描述

通体黑色，光泽不强，头部和前胸背板周缘具有粗大的刻点。无论个体大小，雄性上颚仅与头长近等，上颚结构简单，仅具有一个内齿。最小型的雄性上颚不发达，外观与雌性近似。

体长19 ~ 32mm（♂）；20 ~ 26mm（♀）。

寻虫指南

本种在北京分布广泛，低海拔到高海拔林区皆有，分布海拔约200 ~ 1700m，有趋光性。6—8月易见，海拔较低处的成虫可存活至9月。

红腿刀锹

拉丁学名 *Dorcus rubrofemoratus*

分类归属 鞘翅目 锹甲科

本种为北京仅次于两点锯锹、大卫鬼锹外，最容易见到的第三种锹甲。其具有标志性的红色腿节，而不会与除皮氏小刀锹外的北京其他锹甲种类相混淆。

形态描述

通体黑色，前胸与鞘翅具有强烈光泽，各足腿节大部为暗红色，后胸腹板也为暗红色。雄虫大型个体具有较长的上颚，但长度不到头胸长度之和；小型个体上颚可短至尚不及头长。无论个体大小，雄虫上颚总有至少一个强大的独立内齿。

体长20～43mm（♂）；24～30mm（♀）。

寻虫指南

本种易灯诱到，在北京中等海拔的茂密山林中大多不难见到，一般海拔800m以上即可见，发生期为7～8月。

摄影／李超

♂

摄影／刘晔

♂

皮氏小刀锹

别名 望月大锹

拉丁学名 *Falcicornis tenuecostatus*

分类归属 鞘翅目 锹甲科

本种在北京数量极为稀少，是北京最难找到的锹甲之一，在“中国昆虫爱好者论坛”时代为北京的“传说级神物”之一，多年来仅偶见个别记录。虽然本种颜色与红腿刀锹接近，但其实本种体形、大颚形状与红腿刀锹迥异。

形态描述

通体黑色，前胸与鞘翅具有强烈光泽，各足腿节大部为暗红色，后胸腹板两侧暗红色、中部黑色。雄虫大型个体具有狭长的上颚，长度可大于头胸长度之和；小型个体上颚可短至仅与头长近等。无论个体大小，雄虫上颚总有一排共基的密齿，而没有任何绝对独立的上颚内齿；并且上颚越长者，这一排共基小齿愈加靠近大颚端部。

体长20～34mm（♂）；16.5～20mm（♀）。

寻虫指南

本种难寻，为北京的稀有昆虫种类，仅知喇叭沟门、上方山、雾灵山等极少数地点曾有零星发现，发生期为7～8月。

北方锈刀锹

拉丁学名 *Dorcus tenuihirsutus*

分类归属 鞘翅目 锹甲科

本种为2010年发表的新物种，是锈刀锹类唯一分布在北方的一种，本种在北京的分布也代表了锈刀锹类的分布北限。

形态描述

通体暗褐色，晦暗无光泽，鞘翅与前胸背板上的粗大刻点与锈渍状毛簇明显，并常因沾上泥土而显土色。雌雄体形相似，雄性仅头部与上颚略发达，看起来像雌性。

体长17.5～20mm（♂）；18～19mm（♀）。

♂

摄影/李超

♀

寻虫指南

本种见于北京低海拔地区，且为北京锹甲中分布海拔下限最低的一种，昌平、平谷等地海拔100m的果园中即可见，也可以灯诱。本种在门头沟洪水口亦有发现记录，其分布海拔范围极大。虽然如此，本种却算不上多见，反而是北京锹甲中较少见的一种。发生期为6—8月。

尖腹扁锹

别名 细齿扁锹

拉丁学名 *Serrognathus consentaneus*

分类归属 鞘翅目 锹甲科

体大、宽扁、坚硬。本种为北京最难找到的锹甲之一，多年来仅偶见个别记录。

形态描述

黑色，雄虫有金属光泽，尤以鞘翅最为光亮；雌虫体背刻点较粗大，光泽较弱，显得几乎无金属光泽。触角末端显棕红色，雄虫前足胫节端部内侧也因密集的刚毛而明显呈棕红色，且雄虫前足胫节的内缘强烈向内弯曲。

体长29～56mm（♂）；19～27mm（♀）。

寻虫指南

本种难寻，为北京的稀有昆虫种类，仅知门头沟妙峰山、双塘涧有零星发现，发现月份皆为7月。

♂

斑股深山锹

拉丁学名 *Lucanus dybowski*

分类归属 鞘翅目 锹甲科

雄虫体大，具有帅气的鹿角状大颚。本种虽然在从东北到西南的许多地区极为常见，但在北京数量极为稀少，是北京最难找到的锹甲之一，多年来仅偶见个别记录。

形态描述

通体深褐色，被黄色绒毛，各足的腿节具有橙色斑；雄虫大型个体的头部极端发达，头的后侧方向后延伸成高台状，大颚具有多个强齿、端部分为叉状；小型个体头后方无显著延伸，大颚也较为细弱。

体长39～63mm（♂）；34～36mm（♀）。

♂

摄影/刘晔

♀

寻虫指南

本种难寻，为北京的稀有昆虫种类，仅知怀柔喇叭沟门、密云云蒙山等极少数地点曾有零星发现，发生期为7—8月。

戴单爪鳃金龟

拉丁学名 *Hoplia davidis*

分类归属 鞘翅目 金龟科

少有的色彩鲜艳的鳃金龟，其体表密被鳞片，赋予其或水青色或鲜黄色的漂亮色彩。如果磨掉了鳞片，其会露出身体原本的黑褐色。

形态描述

体圆胖。体背密被鳞片，鳞片颜色或为水青色，或为鲜黄色；足上的鳞片较为稀疏，因而露出黑褐色本色。后足非常发达，粗壮而坚硬，仅存一爪，强烈发达成弯钩状。

体长12.6～14mm。

寻虫指南

本种访花，在某些丁香花上集群出现，东灵山、小龙门、百花山一带数量很多，6—8月可见成虫。

斑单爪鳃金龟

拉丁学名 *Hoplia aureola*

分类归属 鞘翅目 金龟科

少有的色彩鲜艳的鳃金龟，其体表密被鳞片，赋予其或水青色或鲜黄色的漂亮色彩。体背的斑纹也并不是无鳞的区域，那里只是鳞片为黑色。

形态描述

体背密被鳞片，鳞片颜色或为水青色，或为鲜黄色；鞘翅上具有一系列黑色椭圆斑，也由鳞片形成；足上的鳞片较为稀疏，因而露出黑色本色。后足较发达，仅存一爪，呈发达的弯钩状。

体长6.5 ～ 7.5mm。

导虫指南

本种访花，在丁香属、银露梅等植物的花上集群出现。东灵山、小龙门、百花山一带数量很多。6—8月可见成虫。

发丽金龟

拉丁学名 *Phyllopertha* sp.

分类归属 鞘翅目 金龟科

本种为北京山区白天最容易见到的丽金龟种类之一，以前一直被国内学者鉴定为庭园发丽金龟*P. horticola*。这种鉴定可能始于影响力很大的《中国北方常见金龟子彩色图鉴》。但通过对比欧洲所产的真正的*P. horticola*，笔者发现本种与其有一定的差异。

二者外观的区别是：本种有藏蓝色鞘翅的个体，*P. horticola*即使偶见体色较暗个体，也是在棕色鞘翅的基础上，出现较大面积的黑化，无蓝色个体；二者的前胸背板形状、前足与中足胫节形状和爪上齿的形状都有差异；二者被毛情况也有差异。

基于各种差异，笔者认为其大概率不是*P. horticola*，因此本书中将其作为待鉴定种，其具体种类有待研究。

形态描述

头与前胸背板暗绿色，具有强烈金属光泽。鞘翅有两种颜色：棕色与藏蓝色。除跗节以外，几乎全身被直立长毛，其中体背的毛为黑色，腹面毛更密，为黄白色。触角鳃叶部黑色，余部红褐色。

体长8.5～11mm

寻虫指南

本种食性庞杂，在豆科野草及多种果树上都极常见，常聚群，数量很多，几乎为北京山区最常见的丽金龟，中、高海拔山区更常见。6～7月成虫数量极多

棉花弧丽金龟

别名 无斑弧丽金龟

拉丁学名 *Popillia mutans*

分类归属 鞘翅目 金龟科

常见且较美观的丽金龟，体形虽不大，但十分圆胖，加之深蓝色很艳丽，如宝石般闪亮，因而很能引起注意。本种在城区都不难见到，有时在种植的锦葵花、豆角花上就有。本种也是北京最大的一种弧丽金龟。

形态描述

体形非常圆胖，体宽已较为接近体长，略呈圆形。全身深蓝色，具有极强烈的金属光泽。后足极为粗壮，而使体形显得更胖。

体长9 ~ 14mm。

寻虫指南

本种访花，可在花上寻找。在城区和低山地带，都能不时遇到。6—8月可见成虫。

白星花金龟

别名 铜壳郎

拉丁学名 *Protaetia brevitarsis*

分类归属 鞘翅目 金龟科

北京城区里最常见的花金龟，体色似古铜，因此被老北京人俗称为“铜壳郎”，读音为“tóng ke lāng”。本种常在树干的流汁处吮吸发酵的树液，也见于烂西瓜皮、烂水果堆上。白星花金龟相当坚硬，在抢夺取食树汁的有利位置时，有时即使面对锹甲也不退让。

形态描述

坚硬的金龟，古铜色，有金属光泽，体背面具有一系列波纹状与星点状的淡黄白色斑纹。斑纹总体上接近左右对称但细节并不对称，此斑纹非鞘翅上的结构色，可磨损，因而斑纹的个体变化也较大。

体长18～22mm。

导虫指南

本种极常见，流汁的柳树、榆树上有极高的遇见率，常多只聚集在一处争食。6—10月可见成虫。

小青花金龟

拉丁学名 *Oxycetonia jucunda*

分类归属 鞘翅目 金龟科

北京山区最常见的花金龟，城区也有。其体色多变，几乎能凑出“赤橙黄绿青蓝紫”来，有些色型非常漂亮。值得一提的是，“斑青花金龟 *O. bealiae*”虽然鞘翅上有两块巨大的红斑而显得与本种不同，但其实是本种的色型之一，“斑青花金龟”并不是有效的独立物种。

形态描述

体色多变的金龟：最常见者为深绿色，尚有红色、紫色、军绿色、蓝黑色、古铜色、绿褐色等个体，有些个体绿中带红或绿中带黄，还有极少数个体鞘翅中部具有一个大红斑。无论何种色型，鞘翅上皆具有一系列白

色或污黄色的可磨损斑纹。

体长12～17mm。

寻虫指南

本种在山区极常见，许多野花上都常见本种访花，城区里有时也能见到。4—10月可见成虫。

黄粉鹿花金龟

拉丁学名 *Dicronocephalus wallichii bowringi*

分类归属 鞘翅目 金龟科

鹿花金龟是相当帅气的花金龟，其雄虫具有发达的“鹿角”，看似像锹甲那样的大颚。黄粉鹿花金龟比北京另一种宽带鹿花金龟颜色鲜艳，并且连雌虫也鲜艳，但数量更少。

黄粉鹿花金龟有3个亚种，中国大陆大部分地区所产的为*bowringi*亚种。2015年，以Lee Ga-Eun为首的一群韩国学者通过分子生物学研究，认为这3个亚种应独立为种，但此种说法尚存争议。相比于另2个亚种，*bowringi*亚种的角更红，前胸背板和鞘翅上裸露的黑色部分更多，唇基中央形状略有不同。

形态描述

体背面覆有厚重的黄色粉末，前胸背板前侧有“U”形的无粉区域，鞘翅肩角、端角和周缘也具有光裸区域，露出体背的黑色本色。雄虫唇基两侧延伸成发达的暗红色鹿角状角突，且前足极度延长，雄虫的跗节色彩为橘色与黑色反复交替，如蜂纹。雌虫无鹿角状角突，足不延长，跗节黑色。

体长19～25mm（未含角突）。

寻虫指南

本种仅在北京平谷区部分地点常见，其他区都是零星偶见或不见。其嗜好栎属树木的花，也有报道其在果园中出没的记录。5—6月可见成虫。

♂

宽带鹿花金龟

拉丁学名 *Dicronocephalus adamsi*

分类归属 鞘翅目 金龟科

鹿花金龟是相当帅气的花金龟，其雄虫具发达的“鹿角”，看似像锹甲那样的大颚。宽带鹿花金龟虽不如黄粉鹿花金龟颜色鲜艳，并且雌虫非常难看，但本种个体更大，数量也多，更容易被寻获。

形态描述

雄虫体背面覆有厚重的灰白色粉末，前胸背板有两条宽带状的无粉区域，鞘翅肩角、端角和周缘也具有光裸区域，露出体背的黑色本色。雄虫唇基两侧延伸成发达的暗红色鹿角状角突，且前足极度延长。雌虫无鹿角状角突，足不延长，全身无粉，纯黑色，几无光泽。

♂

♀

体长 21 ~ 27mm（未含角突）

寻虫指南

本种仅在北京平谷区部分地点常见，其他区都是零星偶见或不见。其嗜好栎属树木的花，也有报道其在果园中出没的记录。5—7 月可见成虫。

白斑跗花金龟

拉丁学名 *Clinterocera mandarina*

分类归属 鞘翅目 金龟科

花金龟中体形特殊的类群，其身体结构紧凑、坚硬，具有强化性与加护性结构，这种特化被学界认为与其嗜蚁性有关，推测其捕食蚂蚁的卵、幼虫和蛹。本种跗节退化为仅4节，这在金龟子中罕见，故名“跗花金龟”；退化的跗节短小、紧凑、坚固，也被认为与提高对蚂蚁攻击的抵抗性有关。

形态描述

扁而坚硬的金龟，黑色，有光泽，体背具有粗大的刻点，鞘翅中部具有一对白斑，有时在这一对白斑的后方与侧后方，尚有一些细碎的小白斑。触角柄节特化，如官帽具有“两耳”一般，此结构可对触角进行加护。

体长 12.2 ～ 13.5mm。

寻虫指南

本种遍布北京中、低海拔山区，常见在路边、路面上爬行，有时通过翻石头可在石块下的蚁巢中发现。4—7月可见成虫。

赭翅臀花金龟

别名 奇弯腹花金龟

拉丁学名 *Campsiura mirabilis*

分类归属 鞘翅目 金龟科

花斑非常漂亮的种类，少有的捕食性花金龟，其嗜食蚜虫，常抱茎成片地啃食蚜虫。本种飞翔能力极强，可做出近似悬停的动作，还可以快速飞行，其飞行时可能会被一些人误认为是蜂。

形态描述

色彩独特的美观种类：黑色，鞘翅上有大面积棕色斑块，几乎占据整个鞘翅面积，仅余边缘为黑色；头前缘、前胸背板侧缘白色；触角鳃叶部红褐色，余节黑色。

体长18～22mm。

寻虫指南

本种在山区很常见，夏季气温高时总能见其飞行，或落在草秆上啃食蚜虫。5—9月可见成虫。

短毛斑金龟

拉丁学名 *Lasiotrichius succinctus*

分类归属 鞘翅目 金龟科

北京最常见的斑金龟，也是山区最常见的金龟子之一。本种体形和体斑独特，容易识别，但因斑纹与多毛的特征，有人曾把它当成蜂。

形态描述

黑色，鞘翅上有“¥”形的褐色斑纹。体多黄色和褐色直立毛，有些个体毛极发达，将前胸也覆盖成褐色；头部和跗节则较光裸。

体长9～11mm。

寻虫指南

本种在山区很常见，在许多种野花上都容易见到本种。5～8月可见成虫。

褐翅格斑金龟

拉丁学名 *Gnorimus subopacus*

分类归属 鞘翅目 金龟科

北京不常见的斑金龟，也是北京唯一具有金属光泽的斑金龟。虽然在北京轻易见不到本种，但在东灵山一带有时可以见到可观数量。

形态描述

体背为干涉色，有光泽，色彩多样：红铜色、暗绿色、红中带绿或绿中带红者皆有，也有鞘翅为褐色、无光泽的个体；雌性色常暗淡。鞘翅与腹部显著宽于头与前胸，而显得体态宽胖。鞘翅上有一系列可磨损的细小白斑，体腹面和足上有黄白色绒毛。

体长15～19mm。

寻虫指南

本种通常很罕见，但在东灵山一带有较多数量，雾灵山、小龙门有零星记录。6—7月可见成虫。

凹背臭斑金龟

拉丁学名 *Osmoderma barnabita*

分类归属 鞘翅目 金龟科

北京唯一大型且相当少见的斑金龟。本种全身黑色，没有任何能令人感到愉悦的色彩与斑纹，但硕大的体形就已经令一些爱好者对其赞赏有加。

本种在北京数量稀少，且成虫白天一般躲藏在树洞和树缝里，轻易见不到，因此本种在“中国昆虫爱好者论坛”时代的地位，接近“北京神物”。据记载，雄性臭斑金龟被惊扰时可释放出强烈的令人不悦的气味，如皮革厂的怪味，有兴趣的可去爱抚它一下。

形态描述

全身黑色，光泽微弱，鞘翅基半部多少具有一些看起来奇怪的褶皱。前胸背板中央凹陷，雄虫的凹陷较深，雌虫的凹陷轻微。鞘翅与腹部显著宽厚于头和前胸，因此显得宽胖。

体长24～30mm。

寻虫指南

本种很罕见，东灵山、小龙门、松山、海坨山等地偶见。成虫取食树木流出的汁液。6—8月可见成虫。

♀

华晓扁犀金龟

拉丁学名 *Eophileurus chinensis*

分类归属 鞘翅目 金龟科

犀金龟亚科（以前为犀金龟科）和锹甲科是两个人气最高的昆虫类群，其以硕大的身躯和奇异的头角闻名于世。但是，犀金龟毕竟是一个在热带繁荣的类群，其在北方不但种类稀少，而且又小又丑。

本种虽然头角短小，体形也小，没有任何令人愉悦的色彩与花斑……以至于很多人想不到它竟然是一种犀金龟。但是，它毕竟是北京最大的一种犀金龟了，我们满怀自豪地展示它，并对别人低情商的提问“为什么几乎全国各地都有独角仙，北京居然没有”嗤之以鼻。

形态描述

体长而厚，全身黑色，光泽微弱。前胸背板中央具有一个凹坑，雄虫的凹坑占据背板宽度1/3左右，雌虫的较小而狭。雄虫具有一个微小的头角，雌虫的头角更小，裸眼观察时几乎看不见。

体长18～28.5mm。

寻虫指南

本种较常见，过去在城区都有不少，如今在低山、近山地带普遍不难见到。在春末夏初，可剖朽木、挖掘有空洞的树根附近的碎屑，来寻找本种羽化不久的成虫。但本种更常见的出现方式是在路面上乱爬。5—8月可见成虫。

♂

胸窗萤

拉丁学名 *Pyrocoelia pectoralis*

分类归属 鞘翅目 萤科

本种是北京最常见的萤火虫，且体形大，易于观察。在夏末秋初的暗夜里，发出绿油油的光迹，如精灵般上下翻飞的就是本种的雄虫了。本种雄虫发光面积更大、活跃飞行，北京第二常见的“黄脉翅萤”则体形微小、光芒弱，喜停落或固定在很小的范围缓慢飞行。

形态描述

雄虫体黑色，柔软，前胸背板为橘红色，背板前端具有一对透明的观察窗。头部完全隐藏在前胸下方，仅露出宽扁的触角。雌虫翅极度退化，状似幼虫，黄白色，缀以粉红色，仅能缓慢爬行。

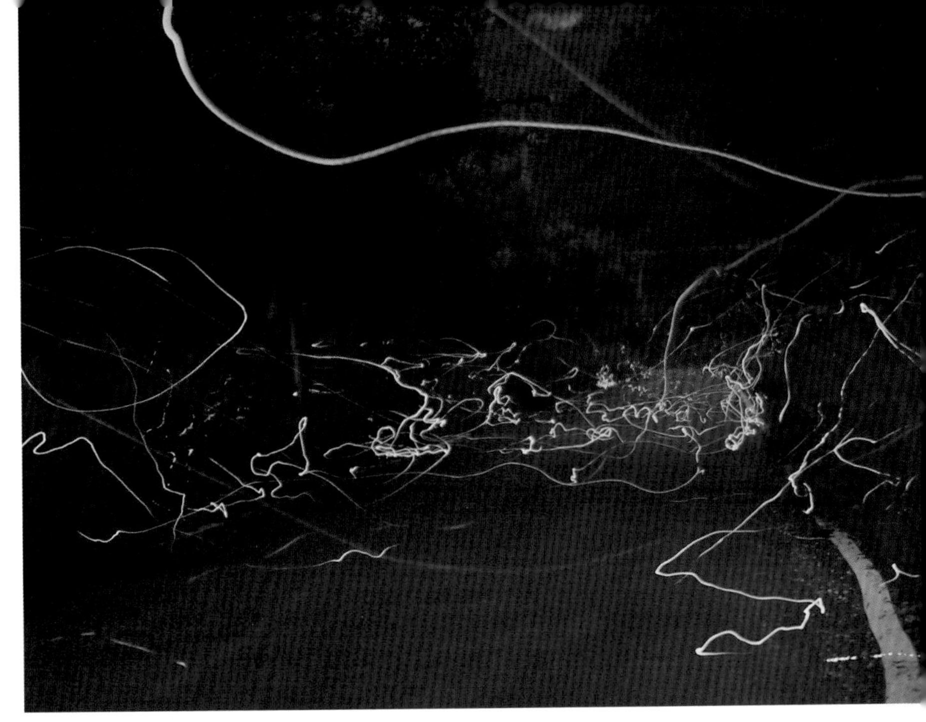

“流萤之海”

体长15 ~ 19mm（♂）；雌虫大于雄性，可达25mm。

寻虫指南

本种在山区极常见，在环境较好、水域附近的森林中几乎都有，其中潭柘寺、香山、十三陵、雒白峪等地都有较多数量，安静、黑暗的局地可形成“流萤之海”的美景。8—9月为成虫发生高峰期。

黄腹蜡斑甲

拉丁学名 *Helota fulviventris*

分类归属 鞘翅目 蜡斑甲科

蜡斑甲科是一个种类稀少、形态特异而精致的甲虫小科，其大部分种类，鞘翅上具有标志性的黄色“蜡斑”。本种为北京唯一的蜡斑甲，是树汁系甲虫当中的高人气种类。

形态描述

体小但精致，狭长，古铜色。鞘翅和前胸上具有一系列纵向的瘤突，极光亮。鞘翅上具有4个黄色略透明斑点，如蜡滴在身上一样。各足为暗红色与黑色相间。腹部腹面橘黄色，极鲜艳。

体长8.7～12.1mm。

寻虫指南

本种在山区偶见，其出现在树干流出汁液处，有时被发酵汁液的泡沫所覆盖。虽然本种不易遇到，不过一旦在树流汁处寻见，通常就不止一只。5～8月可见成虫。

血红扁甲

拉丁学名 *Cucujus haematodes*

分类归属 鞘翅目 蛸斑甲科

大型扁甲是树皮下生存的甲虫当中最奇特的存在之一，其身体极度扁平，色彩大多还很靓丽，是猎奇型昆虫爱好者最为喜爱的甲虫类群之一。本种在北京的发现颇为一波三折、跌宕起伏，为2005—2011年间的一个公认的“北京神物”，它的发现史就是北京“论坛时代”昆虫爱好者的成长史。

形态描述

体形特异，极度扁平。头、前胸、鞘翅红色，复眼、触角与足黑色。头十分宽阔，后角向后延伸，前方上颚发达明显外露。鞘翅舌形，边缘具

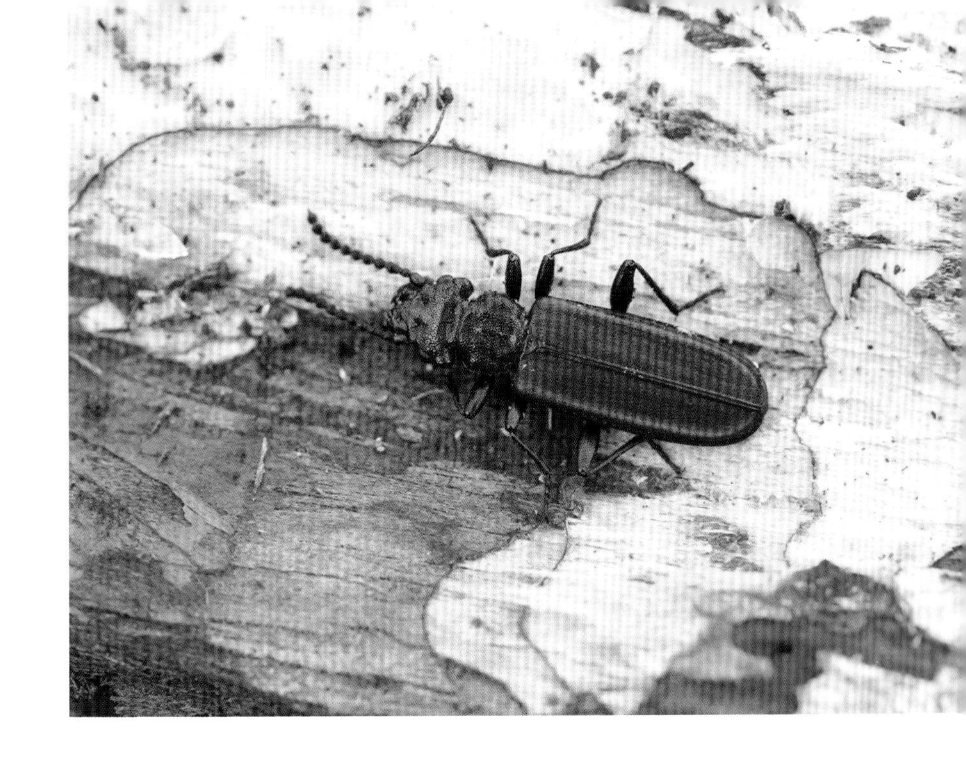

有断崖式的缘折，垂直折成盖状，盖住全部腹部。

体长 12 ~ 15mm。

寻虫指南

本种极为偶见，唯喇叭沟门数量较多。本种藏匿于树皮下，一般在靠近根部位置栖息，剖掉朽木树皮即有一定遇见率。可以成虫越冬，故全年可见成虫。

北京新记录——血红扁甲发现小史

奇特昆虫血红扁甲，是“中国昆虫爱好者论坛”时代的“北京神物”之一。其在北京的发现故事，颇为一波三折、跌宕起伏，而成为那一代昆虫爱好者心中永远的传奇。

2005年，在刚刚兴旺起来的“中国昆虫爱好者论坛”上，“甲虫版主”刘晔、史宏亮在雾灵山剖朽木树皮时发现一只红色大型扁甲。彼时，“大型扁甲只存在于南方”不但是昆虫爱好者的共识，全国昆虫学家也几乎都只有这样的旧认知。

因而，与南方远隔千山万水的北京“居然能有大型扁甲”饱受众人质疑。令此发现扑朔迷离的是：当时未等采集，扁甲受惊坠落不见。二人大惊，迅速将周围一切土石碎屑全部转移到白布上，一寸一寸细细翻找，却最终再没找到。次日，二人不甘此得而复失，又将周边地带所有朽木全部剖为齑粉，却再无扁甲出现，但他们意外发现了特大个的扁阎甲！（注：此即本书中介绍的黑龙江扁阎甲，以及其在北京发现的首次公开报道）

至此，两只树皮下特大型奇虫接连的意外发现，震惊了论坛上的所有人，其中一只扁甲的发现事件还成了悬案。生存在树皮缝隙的一线空间中的甲虫大多非常微小。扁甲科的昆虫大多只有芝麻粒大，但唯独扁甲属 *Cucujus* spp. 的种类，不但可达1～2cm以上，还大多体色鲜艳，实为树皮类甲虫中不可多得的奇特类群。

此后，虽然有人质疑，但也有人相信，强烈希望能再次找到这种“传说中的”扁甲。

2006年，又是在雾灵山，爱好者计云从朽木中剖出半片红色扁平鞘翅残骸，其属于大型扁甲无疑。刘晔闻讯来看，激动不已，感叹“终于能消除那些质疑了”。然而，又是“将周边朽木全部剖碎，可依然没有完整的扁甲出现”的结果。一片鞘翅，虽然证明了大型扁甲在北京的存在，但其究竟是何种类，又成了悬而未决的难题。

2007年，我国台湾昆虫学者李奇峰与日本学者合作刊发论文，研究了亚洲东部的扁甲属，该论文拓展了大家的视野，让大家了解到有一种“血红扁甲”其实在古北区广布，并被他们在我国四川发现且作为中国新记录物种报道出来。该种被我们推测，理应就是北京发现的种类。

有了最新理论依据后，许多人更加努力地苦苦找寻，找遍了北京的许多山林，却始终再未找到该扁甲。该“传奇”作为那些年北京昆虫探索史上的一大遗憾，常常成为北京昆虫爱好者相聚时的谈论话题。

直至2011年隆冬，计云、刘锦程、吴超在喇叭沟门科学考察时，经计云鉴定某棵树树皮下刚发现的幼虫为大型扁甲，众人开始努力地剖掉一切朽木的树皮。终于在数小时后，刘锦程率先寻获“传说中的”红色大型扁甲活体成虫，可以确定其确实为血红扁甲。

至此，从惊鸿一瞥、得而复失、饱受质疑、谜团重重，到许多人苦苦寻找、迟迟无果，最终在多年之后的寒冬意外解谜，北京的大型扁甲经历了太多曲折离奇的探索发现过程，这些点滴故事记录了我们这一代昆虫爱好者的成长。

时至今日，血红扁甲已被发现在喇叭沟门和我国东北都有相当的数量，“传奇物种”早已不再是稀罕物。当年“无知”的各位爱好者，其中有人也已成长为真正的昆虫专家。我记录下这个故事，作为前些年北京昆虫探索发现史的缩影，讲述给新一批的昆虫爱好者，希望读者在了解这些故事的基础上，通过不懈探索，实现从“无知”到了解北京、精通北京自然知识的蜕变。

七星瓢虫

别名 花大姐儿

拉丁学名 *Coccinella septempunctata*

分类归属 鞘翅目 瓢虫科

最为人所熟知的昆虫之一，具有鲜明的图案。虽然不像异色瓢虫那样年复一年地在北京城区上演集群迁飞奇观，但本种也有迁飞习性。笔者儿时曾在北京南三环，见过一次七星瓢虫爬在大街小巷、地面树梢，铺天盖地成千上万只大聚集的场景。

形态描述

体接近半球形，光亮。头与前胸黑色，具有白斑；鞘翅橘红色，两片鞘翅上总共具有7个黑色斑点，基部还有一对白斑；有些个体的斑纹有变异，黑斑缩小或减少。

体长5.2～7.2mm。

寻虫指南

本种极常见，无论城区还是山区，任何杂草上都有可能见到。其捕食蚜虫，在蚜虫数量多的杂草上尤其常见。4—11月可见成虫活动，其中6—8月因迁飞而数量减少，但恰在其迁飞路径上的地方，可能反而看到巨量瓢虫聚集。

异色瓢虫

拉丁学名 *Harmonia axyridis*

分类归属 鞘翅目 瓢虫科

北京最常见的瓢虫，也是最著名的变化多端的昆虫，其有数百种色型，而令本种常被误认为是很多不同种类。其每年秋季进行寻找越冬地的集群大迁飞，常有人遇到“墙上、地上、天上，到处都是不同颜色的密集瓢虫”的奇观，即为本种。在山区的石缝、村舍等避风或保暖处，有时能见到聚成大群抱团越冬的异色瓢虫。本种聚集时或对人类居家生活产生影响，但其为益虫，应尽量予以保护。

形态描述

体接近半球形，光亮。鞘翅斑纹色型有数百种，最常见的有3种色型：①黑色，具有2个或4个红斑；②橘黄色或橘红色，具有许多黑斑；③橘黄色或橘红色，无黑斑或黑斑淡而少。无论何种色型，头与前胸都为黑色，具有白斑，其中前胸背板两侧的白斑通常圆大，但有时缩为白色窄边。

体长5.4 ~ 8mm。

寻虫指南

本种极常见，无论城区还是山区，任何杂草上都有可能见到，有时在城区的杨树林里集大群繁殖。其捕食蚜虫，在蚜虫数量多的杂草上尤其常见。3—11月可见成虫活动，其中9月或10月因迁飞而数量减少，但恰在其迁飞路径上的地方，可能反而看到巨量瓢虫聚集

六斑异瓢虫

拉丁学名 *Aiolocaria hexaspliota*

分类归属 鞘翅目 瓢虫科

北京最大的，且唯一“巨型”的瓢虫，体长达1cm，远大于一般瓢虫，以前曾称“奇变瓢虫”。本种体背有类似青铜器花纹那样形状的红色斑纹，贸然抓在手里的话，会被大量橘红色防卫液染红手指。

形态描述

体接近半球形，光亮。头与前胸黑色，前胸背板两侧具有白斑；鞘翅橘红色，鞘翅上具有“][”形的红色斑纹，极少数个体斑纹变异为大幅增加或减少。

体长9.5 ~ 10.5mm。

寻虫指南

本种数量不多，但在中等海拔高度的密林山区广布，松山、雾灵山遇见率较高。5—7月可见成虫。

星天牛

别名 铡草牛（niū）儿

拉丁学名 *Anoplophora chinensis*

分类归属 鞘翅目 天牛科

北京最为人所熟知的黑白花色天牛，俗称为“铡草牛儿”，这里“牛”读“niū”音。但是，这样黑白花色的天牛其实包含两种：星天牛和光肩星天牛。本种是其中数量较少的那种，其鞘翅肩部有大量粗糙颗粒，翅上白斑经常以近似一行行的方式排列，斑的大小更加接近，以此可区别于光肩星天牛。

形态描述

体厚实、坚硬，前胸两侧具有尖刺，鞘翅肩部具有大量粗糙颗粒。全身黑色，足因密被微毛而呈蓝灰色；鞘翅上有一系列可磨损的星点状白斑，多数个体的白斑以接近一行行的规律排布；触角黑白相间，似铁路道口搖杆的配色。雄性体形明显小于雌性，但触角明显长于雌性。

体长21 ~ 37mm。

寻虫指南

本种数量比光肩星天牛少，形态、寄主都与光肩星天牛相似，须仔细辨认经常混生的二者。在柳树上最容易遇见本种。5—8月可见成虫。

光肩星天牛

别名 铡草牛儿

拉丁学名 *Anoplophora glabripennis*

分类归属 鞘翅目 天牛科

北京最为人所熟知的黑白花色天牛，俗称为“铡草牛儿”，这里“牛”读“niū”音。但是，这样黑白花色的天牛其实包含两种：星天牛和光肩星天牛。本种是其中数量极多的那种，其鞘翅肩部无大量粗糙颗粒，翅上白斑不排列成整齐的一行行，斑的大小差异很大，以此可区别于星天牛。

过去所谓“黄斑星天牛*Anoplophora nobilis*”其实是本种的异名。在北京，黄斑的个体极少见。

形态描述

体厚实、坚硬，前胸两侧具有尖刺，鞘翅肩部无大量粗糙颗粒。全身黑色，足因密被微毛而呈蓝灰色；鞘翅上有一系列可磨损的星点状白斑（偶为黄色），斑不排列成横行，斑的大小差异很大；触角黑白相间，似铁路道口摇杆的配色。雄性体形明显小于雌性，但触角明显长于雌性。

体长17～39mm。

寻虫指南

本种即过去北京城区的柳树上最常见的天牛，曾经几乎每棵柳树都被其蛀食，随着治理，现在城区此天牛已变得少见。形态、寄主都与星天牛相似，须仔细辨认经常混生的二者。在柳树上最容易遇见本种。5—9月可见成虫。

中华薄翅天牛

别名 薄翅天牛、薄翅锯天牛

拉丁学名 *Aegosoma sinica*

分类归属 鞘翅目 天牛科

曾经是北京城区第二常见的天牛，数量仅次于光肩星天牛，也因此严重危害北京的柳树。通过治理，现已不易在城区寻见。

本种的拉丁学名以前曾长期被定为*Megopis sinica*，因其所属的亚属*Aegosoma*现已被恢复为独立的属，故而，拉丁学名相应变更。

形态描述

体扁、前端非常坚硬，鞘翅和腹部较薄而脆弱。全身深褐色，鞘翅因薄而颜色略明亮。雄性头与触角都比雌性延长，触角可达到鞘翅末端；雌性触角仅达鞘翅中部。触角第3节相当粗长。

体长30 ～ 52mm。

寻虫指南

本种过去在北京城区的柳树上常见，随着治理，现在可在远郊及山区的柳树上寻找。与光肩星天牛常占据树木的高处不同，本种常见于柳树的树干基部。6—8月可见成虫。

摄影/常凌小

桃红颈天牛

拉丁学名 *Aromia bungii*

分类归属 鞘翅目 天牛科

本种是山区种植的桃树上相当常见的天牛，若桃树下出现大量木屑状虫粪，多是受到本种幼虫的危害状了。本种有异香，若贸然捕捉，其可射出大量乳白色汁液作为防卫，该液体气味很浓，有些个体可将白汁射出两米远。

形态描述

体瘦长，黑色，前胸背板中部橘红色，前胸背板两侧具有不太尖锐的刺突。后足显著长，胫节弯曲。

体长26 ～ 37mm。

寻虫指南

本种在桃树上有最高的遇见率，近山地带和低山地带的桃树上常见。6—9月可见成虫。

蓝丽天牛

拉丁学名 *Rosalia coelestis*

分类归属 鞘翅目 天牛科

北京最漂亮的天牛种类，具有迷人的湖蓝色。其属名*Rosalia*即指本属种类像玫瑰花一样多彩而华丽，是著名的观赏甲虫类群。

形态描述

体瘦长，黑色，具有大量由湖蓝色微毛组成的斑纹，而呈蓝黑相间。触角第3～6节具有黑色毛簇。

体长18～29mm。

寻虫指南

本种数量稀少，但在东灵山、小龙门一带有稍高的遇见率，6—9月可见成虫。

中华萝藦肖叶甲

拉丁学名 *Chrysochus chinensis*

分类归属 鞘翅目 肖叶甲科

这是北京城区最容易被人们所注意到的一种肖叶甲，具有宝石蓝色亮闪闪、圆滚滚的身躯。即使对于不懂植物的人，也可以通过本种的聚集，来判断其所攀附的藤属于萝藦科植物。

形态描述

体宝石蓝色至蓝紫色，非常光亮。触角端半部黑色，无光泽。头半缩在前胸中，身体结构紧凑而坚硬。

体长7.2～13.5mm。

寻虫指南

本种极常见，在萝藦、鹅绒藤等常见萝藦科野草上有很高的遇见率。在生长着这些藤本杂草的城中心小区的绿地里都可以见到本种。5—8月可见成虫。

齿砚甲

拉丁学名 *Eocyphogenia rugipennis*

分类归属 鞘翅目 拟步甲科

部分胡同居民记忆中的甲虫。在北京，相比于野生环境中，齿砚甲反而更多地在老式民居中被发现。其体形方正、棱角分明，颜色墨黑，活像个砚台，是北京所产拟步甲科昆虫中相当独特的一种。

形态描述

体黑色，无光泽。头和前胸非常扁，前胸两侧具有叶状的、斜翘的缘折；鞘翅两侧以一锐利的脊为分界线，呈断崖式下折，使鞘翅形状极方；鞘翅末端以陡坡状收狭，末端较尖。

体长17.5～23mm。

寻虫指南

本种最常见于部分胡同老房的墙根、墙缝处，土石结构的墙壁似乎相当吸引本种。6—10月可见成虫。

黑暗甲

拉丁学名 *Synchroa melanotoides*

分类归属 鞘翅目 暗甲科

暗甲科Synchroidae为一个极小的科，全世界仅3属9种，以前罕有人知。这个科生活在朽木中，有人将它误认为是叩甲或长朽木甲，是个“四不像”。其成虫在形态学、幼虫形态学、分子生物学的研究中分别将其与相距甚远的几个类群归为“近缘”。

其曾被人草率地称为齿胫甲科，但本科甲虫的胫节完全无齿，因此这是一个不合理的命名。其科名拉丁名原始意思为“全身相同质地”，指本科甲虫总是全身暗色，毫无变化，甲虫学者史宏亮据此拟定其名称为暗甲科。

形态描述

体梭形，黑褐色，接近黑色，有光泽；足和触角暗红色；前胸背板与鞘翅末端具有一些黄褐色倒伏短毛。小盾片横长，略方，小而不明显。

体长8.2～12mm。

寻虫指南

本种栖息于朽木中，可剖碎朽木以寻找。小龙门、雾灵山等地有记录。6—9月可见成虫。

臭椿沟眶象

别名 白胡子老头儿、木/树猴儿

拉丁学名 *Eucryptorrhynchus brandti*

分类归属 鞘翅目 象甲科

北京人最熟悉的象甲，也是唯二拥有北京俗名的象甲之一。臭椿沟眶象大概是北京孩子认识“生物假死行为”的启蒙物种，其动辄长达几十分钟的假死行为，考验过许多人童年烈日下和它较劲的耐心。

形态描述

体小，但浑厚，异常坚硬。体色似鸟粪，两端白色，中间黑色杂以白色斑纹和少量锈红色花纹。头部黑色，可深藏在胸部的凹槽里。

体长9～11.5mm。

寻虫指南

本种专爱臭椿树，在臭椿树干上相当常见，在没有人为干预的情况下几乎每棵较大的臭椿树都被危害。4～9月可见成虫。

沟眶象

别名 白胡子老头儿、木/树猴儿

拉丁学名 *Eucryptorrhynchus scrobiculatus*

分类归属 鞘翅目 象甲科

本种和臭椿沟眶象混生，常被人当成同一物种，但本种体形显著大于臭椿沟眶象，同时具有更多的锈红色斑纹，而易于区别。沟眶象、臭椿沟眶象与斑衣蜡蝉，是臭椿树上三大常见昆虫，几乎所有捉虫的北京孩子都把玩过这三种昆虫。

形态描述

体浑厚，异常坚硬。体色黑白相间，并有大量锈红色花纹，头部黑色，可深藏在胸部的凹槽里。

体长 15 ~ 18.5mm。

寻虫指南

本种专爱臭椿树，在臭椿树干上常见，但数量比臭椿沟眶象少。5—9月可见成虫。

摄影／李虎

花椒凤蝶

别名 柑橘凤蝶

拉丁学名 *Papilio xuthus*

分类归属 鳞翅目 凤蝶科

北京最常见的大型蝴蝶，城区和山区遍布。虽然在城区，其远不如菜粉蝶、云粉蝶多见，但仍属于城区常见的蝴蝶，在种植的花椒树附近最容易见到。

1 ~ 4龄幼虫为鸟粪状，末龄幼虫绿色具有眼纹，碰触之可见其伸出臭腺角以示恐吓。日本掌机游戏精灵宝可梦（曾称“口袋妖怪”）中的著名神兽“绿毛虫”，其设计原型即参考了以花椒凤蝶为代表的凤蝶幼虫。

末龄幼虫

小龄幼虫

形态描述

翅面浅黄色，沿翅脉的两侧则为黑色；后翅亚缘具有一排深蓝色斑，臀角附近具有一橘红色斑；前翅基部上半部为黑黄相间的横长条纹，可区别于金凤蝶的均匀黑色翅基。尾突约与头胸等长。

翅展61～95mm。

寻虫指南

本种在北京的主要寄主是花椒、黄檗，成虫常围绕寄主飞舞。在花椒树上容易发现其幼虫。成虫访花，随机可见。4～9月可见成虫。

金凤蝶

拉丁学名 *Papilio machaon*

分类归属 鳞翅目 凤蝶科

和花椒凤蝶相似，但数量远少于花椒凤蝶。本种看上去更“金”，且前翅基部为均匀混合的黄色与黑色鳞形成的中间色，绝不为黑黄间隔的一组长横条，以此可区别于花椒凤蝶。

1～4龄幼虫黑乎乎、具有大量红点，末龄幼虫为极鲜艳的黄绿色，大量黑斑与红点交杂，碰触之可见其伸出橘黄色的臭腺角以示恐吓。

形态描述

翅面浅黄色，沿翅脉的两侧则为黑色；后翅亚缘具有一排深蓝色斑，臀角附近具有一橘红色斑；前翅基部为均匀的黑色，可区别于花椒凤蝶的

摄影／周立新

末龄幼虫

具有黑黄相间条纹的翅基。尾突约与头胸等长。

翅展74～95mm。

寻虫指南

本种在北京的主要寄主是水芹，也见于独活、防风等伞形科植物上。因此，寻找溪流边的伞形花有可能找到本种幼虫。种植的伞形科作物也强烈吸引本种，因此胡萝卜、茴香地里易见。成虫访花，随机可见。4—10月可见成虫。

♂

绿带翠凤蝶

拉丁学名 *Papilio maackii*

分类归属 鳞翅目 凤蝶科

远观如“大黑蝴蝶”，近看其实有漂亮的蓝绿色荧光感的大型蝴蝶。在山区水系边的潮湿处，能见到本种难得地停落下来。

末龄幼虫

形态描述

体黑绿色，前、后翅端半部有一条连贯的明亮色带，其依据光照条件及观察角度的变化，在“绿色—蒂芙尼蓝—深蓝色”间变化；后翅臀角附近有一红斑。后翅尾突约与头胸等长，雄性前翅中部向下有黑色绒毛状性标。

翅展 75 ~ 123mm。

寻虫指南

本种寄主为黄檗，可在黄檗树上寻找本种幼虫。成虫访花，随机可见。在山区溪流和潮湿土壤上有时可见到本种停落。4—8 月可见成虫。

丝带凤蝶

别名 马兜铃凤蝶

拉丁学名 *Sericinus montelus*

分类归属 鳞翅目 凤蝶科

山区春季最常见的蝴蝶之一，飞行姿态绵软缓慢，雄性尾突如长带飘扬，很能引起人们浪漫的联想。一说本种即为“梁祝”传说中所化之蝶；一说“梁山伯”为本种雄性，“祝英台”则为黑脉蛱蝶；也有“梁祝”所化之蝶是其他蝴蝶的说法。

幼虫黑色，海参状，全身有许多橘黄色的软棘，体前部有一对指向前方的黑色软棘，特别长，如触角状。看到了本种幼虫，通常就意味着找到了马兜铃这种植物。

♂

形态描述

体纤弱，翅柔软。雌雄差异极大：雄性白色，具有一些黑斑；雌性淡黄色与黑色混杂，呈斑驳虎纹状。无论雌雄，前翅都具有少量粉红色斑点，后翅具有较多粉红色斑点和少量蓝色斑点。夏天羽化者尾突极长，有些个体的尾突长度接近体长；春天羽化者尾突短。

翅展75～123mm。

寻虫指南

本种见于中、低海拔山区，低海拔更常见。本种专食马兜铃，可在马兜铃上轻易找到本种幼虫。成虫喜沿溪谷飞行，在马兜铃周围也易见。4—8月可见成虫。

红珠绢蝶

别名 布氏绢蝶

拉丁学名 *Parnassius bremeri*

分类归属 鳞翅目 绢蝶科

高海拔特有蝴蝶，喜寒怕热，在上一次小冰期结束后，其种群残存在各个高山。对于遗留在孤立山头的种群，其失去了和其他地区同类基因交流的机会，注定会走向分化的道路，因此不同山头的种群其形态特征都会有微小的区别。

绢蝶美丽但脆弱，其生境十分有限，且破碎化。一旦高山草甸被破坏，或气候变暖加剧，就很可能灭绝。建议在北京地区内对本种及一切高海拔草甸予以保护。

♂

♀

形态描述

体色似水墨丹青，以黑白二色为主，其中黑色有晕染感；前、后翅各有零星红斑点缀，令本种观感极美。雌雄差异较大：雄性色更白，红斑小而少，有些个体前翅彻底无红斑；雌性翅上深色区域更多，红斑很大，数量也比雄性多。

翅展54～63mm。

寻虫指南

本种仅见于高海拔山顶草甸，雾灵山、百花山、东灵山可见。由于北京的红珠绢蝶种群被破碎化地隔离在上述极少地点，种群数量十分有限，建议读者只观赏和拍照，不要捕捉据为己有。6—8月可见成虫。

小红珠绢蝶

拉丁学名 *Parnassius nomion*

分类归属 鳞翅目 绢蝶科

本种为高海拔地区特有蝴蝶，喜寒怕热，但比红珠绢蝶栖息海拔下限稍低一些。以相同性别而言，小红珠绢蝶翅上的红珠总比红珠绢蝶多且圆。另外值得一提的是，小红珠绢蝶其实比红珠绢蝶大。建议在北京地区内对本种及一切高海拔草甸予以保护。

形态描述

本种体大，体色似水墨丹青，以黑白二色为主，其中黑色有晕染感；前、后翅各有零星红斑点缀，令本种观感极美。雌雄差异不大：雄性色更白一些，雌性翅色略深。

翅展58～88mm。

寻虫指南

本种仅见于海拔1600m以上山顶草甸，东灵山、松山、海坨山、闫家坪有分布。由于种群被破碎化地隔离在上述极少地点，本种数量十分有限，建议读者只观赏和拍照，不要捕捉据为己有。7～8月可见成虫。

♀

冰清绢蝶

拉丁学名 *Parnassius citrinarius*

分类归属 鳞翅目 绢蝶科

本种栖息地海拔较低，只有800m上下，与大多数绢蝶性喜高寒的习性很不同。本种体色素雅，容易和绢粉蝶、绢眼蝶混淆，但本种后翅基部一直到臀角附近为大面积的黑色，翅上具有半透明暗斑，可用来区别于绢粉蝶与绢眼蝶。

形态描述

体色似水墨丹青，以黑白二色为主，其中黑色有晕染感；唯颈部、前胸前端、腹中部下侧具有鲜艳的黄毛。雌雄差异不大：雄性色更白一些，雌性翅色略深。

翅展63～72mm

寻虫指南

本种仅见于海拔800m上下的山林，仅雾灵山一带有可观种群数量。本种以前虽多，但有持续减少之势。5—6月可见成虫。

♂

摄影／郝建国

绢粉蝶

拉丁学名 *Aporia crataegi*

分类归属 鳞翅目 粉蝶科

外形似白色绢蝶，但后翅内缘不强烈凹陷、翅基无大面积黑色、触角较长且末端淡色，可轻易区别于绢蝶。本种容易和小檗绢粉蝶混淆，区别在于本种后翅反面基部无黄斑，前翅中室端部无围绕翅脉的大块黑斑。本种与绢眼蝶的首要区别为前、后翅中室内无深重的黑色“Y”形纹。

形态描述

翅白色，翅脉为黑色，且翅缘有黑色镶边，后翅反面没有翅基处的黄斑，触角末端淡色，前翅端缘较平直。

翅展62～78mm。

寻虫指南

本种为山区常见种，从低山到高海拔都有分布，且数量较大，常见群集吸食场景。5–7月可见成虫。

小檗绢粉蝶

拉丁学名 *Aporia hippia crataegioides*

分类归属 鳞翅目 粉蝶科

外形似白色绢蝶，但后翅内缘不强烈凹陷、翅基无大面积黑色、触角较长且末端淡色，可轻易区别于绢蝶。本种容易和极常见的绢粉蝶混淆，区别在于本种后翅反面基部为黄色，前翅中室端部围绕翅脉扩展出大块黑斑。本种与绢眼蝶的首要区别为前、后翅中室内无深重的黑色“Y”形纹。

北京所产的为*crataegioides*亚种。

形态描述

翅白色，翅脉为黑色，且前翅端缘有黑色镶边，后翅反面翅基处为黄色。触角末端淡色。前翅端缘较圆。

翅展56 ~ 74mm。

寻虫指南

本种仅以小檗科植物为寄主，数量远少于绢粉蝶。本种宜在中、高海拔地区寻找，雾灵山、百花山、东灵山、千沟门等地有记录。5—7月可见成虫。

暗脉粉蝶

别名 褐脉菜粉蝶

拉丁学名 *Pieris napi dulcinea*

分类归属 鳞翅目 粉蝶科

色彩略似小檗绢粉蝶，但翅端缘无黑色镶边，翅反面多数翅脉周围都扩展成黑色粗纹，且体形明显小于绢粉蝶，易于区分。

武春生在《中国动物志·昆虫纲·粉蝶科》中认为，华北所产的本种属于*dulcinea*亚种。

形态描述

翅白色，翅脉为黑色；前翅前角附近的翅脉在接近端缘时，其周边具有显著不断扩展的黑斑；后翅反面翅基处有一黄斑；翅反面大部分翅脉周围有扩展的黑色粗条。触角末端淡色。

翅展 40 ~ 50mm。

寻虫指南

本种在东灵山数量不少，常见访花。5—7 月可见成虫。

菜粉蝶

别名 白粉蝶

拉丁学名 *Pieris rapae*

分类归属 鳞翅目 粉蝶科

本种即最常见的小白蝴蝶，是极少数“全民都见过”的著名昆虫种类。其在城市与农村、平原与山区、农田与草原，几乎任何地方都可见到。

本种常群聚而飞，有人利用此习性发明出“遛蝴蝶”的戏法：用线拴住一剪成对三角形的白色纸片，以胳膊抡动，使纸片上下翻飞，若周围有菜粉蝶，即跟随而飞，继而越引越多，形成一串蝴蝶随人而飞的奇观。

摄影/周立新

形态描述

体形较小。翅白色，前翅正面顶角为黑色，背面为白色；前翅上一般具有2个黑斑，有时减少为1个，正反面都有此黑斑；后翅前缘具有1个黑斑，仅正面可见；有些个体的后翅反面带淡黄色。

翅展42～54mm。

寻虫指南

本种无须特意寻找，不时就能撞见，常见访花，野地、农田、山林随处可见，有时很多数量聚在一起上下翻飞。3－10月可见成虫。

云粉蝶

别名 花粉蝶、云斑粉蝶

拉丁学名 *Pontia daplidice*

分类归属 鳞翅目 粉蝶科

北京城区第二常见的蝴蝶，数量少于白粉蝶，但多于黄钩蛱蝶和花椒凤蝶。本种的得名是因翅正面有云斑一样的花纹，但见过其正面的人很少，虽然本种数量很多，但其几乎都是以合翅姿态，用黄绿色花纹示人。

形态描述

体形较小。翅白色，前翅正面顶角附近和中室端部都具有破碎的黑斑；后翅正面接近外缘处有一系列黑斑，无黑斑处常隐约透出翅反面的大量斑纹；有时翅正面的斑纹颜色较浅，为褐色。翅反面具有大量黄绿色或褐绿

摄影/周立新

色斑点，和白色区域形成斑驳状。

翅展35～55mm。

导虫指南

本种数量很多，无须特意寻找，不时就能撞见，常见访花。野地、农田、山林都有。4～10月可见成虫。

黄钩蛱蝶

拉丁学名 *Polygonia c-aureum*

分类归属 鳞翅目 蛱蝶科

极常见的蝴蝶，常见程度应能排在北京蝴蝶的第三位。本种因具有强烈锯齿状的翅缘，而几乎人人都可轻易辨认，但若合上靓丽的翅面，它将“变装”，凭借极好的保护色外衣，常静立于树皮、落叶之上而不被人发现。

形态描述

翅橘黄色，具有较粗大的豹纹状黑斑。前、后翅的端缘都为强烈锯齿形，锯齿的尖突十分尖锐；靠近端缘处，饰有与该锯齿形状近似的褐色或黑褐色条纹。躯体与翅基部则为黑褐色。翅反面花纹似树皮。

翅展48～57mm。

寻虫指南

本种数量很多，近山地区和山区比城区更多见，晴天时常见在路上、石块上晒太阳。在城区，本种常见于柳树、榆树流出汁液处吸食，也喜前往烂水果堆处取食。其和白星花金龟经常同时出现。3—10月可见成虫活动，并以成虫越冬。

白钩蛱蝶

拉丁学名 *Polygonia c-album*

分类归属 鳞翅目 蛱蝶科

和黄钩蛱蝶很相似，数量也并不少，因此常被混淆。但本种翅端缘的锯齿较圆钝，不十分尖锐；翅基部的暗区旁无黑斑（黑斑总数更少），以此可区分于黄钩蛱蝶。

形态描述

翅橘黄色，具有较粗大的豹纹状黑斑。前、后翅的端缘都为强烈锯齿形，锯齿的尖突较圆钝，不十分尖锐；靠近端缘处，饰有与该锯齿形状近似的褐色或黑褐色条纹。躯体与翅基部则为黑褐色。翅反面花纹似树皮。

翅展 49 ~ 54mm。

寻虫指南

本种在近山地区和山区不难见到，晴天时常见在路上、石块上晒太阳。3—10月可见成虫活动，并以成虫越冬。

明窗蛱蝶

拉丁学名 *Dilipa fenestra*

分类归属 鳞翅目 蛱蝶科

本种为北京最金灿灿的一种蝴蝶，其翅上的橘黄色极鲜艳，反光极强，在被太阳照射时有荧光感，非常漂亮，是北京早春靓丽的自然物种。本种亦为北京的蛱蝶中飞行最迅猛的种类之一，若是不小心惊飞了它，常难以再追上。

形态描述

自然状态展翅静伏时，与多数蛱蝶姿态很不同：前翅十分低垂，整体似菱形。翅面橘黄色，具有较粗大的黑斑，黑斑于前翅多、后翅少；前、后翅的端缘都具有黑色宽边；前翅近顶角处，具有2个上下排列的透明窗斑。雌性与雄性的差异较大：雌性翅上的黑色面积更大，黄色区域小且明

♂

♀

亮度不及雄性，窗斑比雄性大，同时在靠近翅缘的黑斑中具有一些白色或淡蓝色小斑点。

翅展60 ~ 70mm。

导虫指南

本种在早春时节常见于山区溪流附近，鹫峰、虎峪、雁白峪、松山、雾灵山等地常见。4—5月可见成虫。

捷灿福蛱蝶

别名 捷豹蛱蝶

拉丁学名 *Fabriciana adippe vorax*

分类归属 鳞翅目 蛱蝶科

本种为北京常见豹蛱蝶之一，分布范围广。《北京蝶类原色图鉴》上所载的“捷豹蛱蝶”即此种，北京产的为*vorax*亚种，有学者主张其为独立种——若本种独立为*F. vorax*，则名称应变为捷福蛱蝶。

豹蛱蝶辨识困难、分类复杂，该属曾仅根据雄性性标数量和位置拆分为许多个属，如福蛱蝶属*Fabriciana*。但部分学者认为这种分类过细，应将这些属全部作为豹蛱蝶属*Argynnis*的亚属，如此处理下，本种属于福蛱蝶亚属。但2017年一群欧美学者所进行的系统发育研究，又给出“至少须将福蛱蝶*Fabriciana*与斑豹蛱蝶*Speyeria*两个亚属独立成属”的结论。本书采纳此结论，将福蛱蝶与斑豹蛱蝶作为独立属。

形态描述

翅正面橘黄色，具有豹蛱蝶类典型的豹纹状黑斑，后翅反面有大量白色斑点。前翅外缘区的黑线，在顶角附近为直线，在翅的中下部，为朝向基部的“>”形黑斑连成的波浪线，此即可将本种与（除东亚福蛱蝶*F. xipe*以外的）北京有分布的其他豹蛱蝶类物种区分开来。

本种与东亚福蛱蝶的首要区别为：本种雄性具有2条相同发达程度的性标黑色条纹区，东亚福蛱蝶只有1条或1条明显最发达；本种黑斑更发达，尤其前翅中部的一列月牙形黑斑明显比东亚福蛱蝶粗大。

翅展65 ~ 70mm。

寻虫指南

本种从平原一直到高海拔草甸（如东灵山）都可见到。5—8月可见成虫。

银斑豹蛱蝶

别名 福豹蛱蝶

拉丁学名 *Speyeria aglaja graeseri*

分类归属 鳞翅目 蛱蝶科

本种为北京高海拔草甸环境的常见种。《北京蝶类原色图鉴》上所载的“福豹蛱蝶*Mesoacidalia charlotta fortura*”即此种。*Mesoacidalia*属现被认为是斑豹蛱蝶属*Speyeria*的异名，而*charlotta*为*aglaja*的异名。

“福豹蛱蝶”的旧称源于当时鉴定的亚种名*fortura*，但中国蛱蝶专家郎嵩云认为华北所产本种为*graeseri*亚种，而*fortura*亚种其实只见于日本与萨哈林半岛。故而，本种曾经的鉴定，其实属名、种名、亚种名三个名称都不对。根据现在的研究成果，本种已不宜再叫作福豹蛱蝶，而应以银斑豹蛱蝶作为其科学中文名。

形态描述

翅正面橘黄色，具有豹蛱蝶类典型的豹纹状黑斑，后翅反面有大面积的绿褐色并有大量白色斑点。前翅外缘区的黑线，全部由“>”形黑斑连成。本种雄性无性标。

翅展62～65mm。

寻虫指南

本种多见于高海拔草甸，如东灵山；低至海拔700m也有记录。6—8月可见成虫。

曲纹银豹蛱蝶

拉丁学名 *Argynnis zenobia*

分类归属 鳞翅目 蛱蝶科

本种为北京山区较常见种。《北京蝶类原色图鉴》上所载的“银豹蛱蝶*Childrena childreni*”即此种。其中*Childrena*属现被认为不足以独立成属，应作为豹蛱蝶属的亚属。而*childreni*为误定，该种仅分布于南方，北方的“银豹蛱蝶”其实为曲纹银豹蛱蝶*Argynnis*（*Childrena*）*zenobia*。

蛱蝶学者郎嵩云认为北京所产本种属*penelope*亚种。

形态描述

雌雄差异较大：雄性翅正面橘黄色，具有豹蛱蝶类典型的豹纹状黑斑；雌性翅色深暗，为青褐色透出橙色，翅上黑斑也更大。无论雌雄，后翅反面为绿褐色并有网状白色斑纹，前翅外缘区到亚缘区具有两列整齐而相似的圆大黑点，此二特征可区别于北京其他豹蛱蝶类。本种雄性有3条性标。

翅展78～90mm。

寻虫指南

本种广布于山区，如北京植物园、碓白峪、雾灵山等地。6—8月可见成虫。

绿豹蛱蝶

拉丁学名 *Argynnis paphia*

分类归属 鳞翅目 蛱蝶科

本种为北京高海拔草甸常见种。其雌性翅面绿褐色，可与除曲纹银豹蛱蝶外北京有分布的所有豹蛱蝶类相区别。与曲纹银豹蛱蝶的区别是：前翅基部黑纹数量少于曲纹银豹蛱蝶，后翅中部具有条形黑斑，而不是全为点状黑斑——凭此两特征，即使未看到翅的反面，也可轻易将这两种绿色的雌性豹蛱蝶区分开。多达4条的性标则可将本种雄性与北京其他豹蛱蝶类区别开。

形态描述

雌雄差异较大：雄性翅正面橘黄色，具有豹蛱蝶类典型的豹纹状黑斑；雌性翅色深暗，为绿褐色透出橙色，翅上黑斑也更大。无论雌雄，后翅反

♂

♀

面为绿褐色并有白色纵长纹，此特征可区别于北京其他豹蛱蝶类。本种雄性有4条性标。

翅展72～85mm。

导虫指南

本种广布于山区，如北京植物园、碓臼峪、雾灵山等地。6—8月可见成虫。

斐豹蛱蝶

拉丁学名 *Argynnis hyperbius*

分类归属 鳞翅目 蛱蝶科

本种为常见种，是北京所有的豹蛱蝶类当中最容易识别的一种。因其形态的独特性，本种独享了*Argyreus*亚属，为该亚属的唯一成员，其无任何近似种。该亚属被一些学者独立为属，即斐豹蛱蝶属。

形态描述

雌雄差异很大。雄性前翅端半部为藏蓝色，并具有一个特大白斑和一系列小白斑及黑斑；前翅基半部由后向前从橘黄色过渡到暗红色；后翅端缘具有宽的黑边，其中具有2排蓝白色虚线状曲纹；翅正面其余位置为豹蛱蝶类通常的豹纹状配色。雌性则翅正面大部都为豹纹状，唯后翅端部有宽

摄影 /Shih Li Cheng

摄影 /Shih Li Cheng

♀

大的黑边，黑边里的曲纹多黄白色，但通常最靠近臀角的翅端曲纹或多或少带有淡蓝色。

翅展 75 ～ 80mm。

导虫指南

本种广布于平原和低山区，如鹫峰、北京植物园等地，为低山地带访花常见种。6—10 月可见成虫。

小豹蛱蝶

别名 桂小豹蛱蝶

拉丁学名 *Brenthis daphne*

分类归属 鳞翅目 蛱蝶科

本种为北京中、高海拔草甸环境常见种，体形较小而区别于多数豹蛱蝶。其仅易与伊诺小豹蛱蝶混淆，但本种躯体色黄、前翅近端部的一排黑点通常彼此非常独立、后翅反面具有2条紫褐色晕状条带，可区别于躯体发黑、前翅近端部的一排黑点通常趋于连线、后翅为红褐色条带的伊诺小豹蛱蝶。

形态描述

翅正面与前翅反面都为豹蛱蝶类典型的豹纹状色彩；后翅反面基部具有网格状黄斑，端部具有一排眼状斑和2条紫褐色晕状条带。躯体颜色常非常黄。

翅展50～60mm。

寻虫指南

本种常见于中、高海拔草甸，如东灵山、百花山等地数量极多。6～8月可见成虫。

伊诺小豹蛱蝶

别名 纤小豹蛱蝶

拉丁学名 *Brenthis ino*

分类归属 鳞翅目 蛱蝶科

本种为北京中、高海拔草甸环境常见种，是北京最小的一种豹蛱蝶。其仅易与小豹蛱蝶混淆，但本种躯体发黑、前翅近端部的一排黑点通常趋于连线、后翅反面具有红褐色晕状条带，可区别于躯体黄色、前翅近端部的一排黑点通常彼此独立、后翅具有2条紫褐色晕状条带的小豹蛱蝶。

形态描述

翅正面与前翅反面都为豹蛱蝶类典型的豹纹状色彩；后翅反面基部具有网格状黄斑，端部具有一排眼状斑和红褐色晕状条带。躯体颜色常较黑。

翅展44～56mm。

寻虫指南

本种常见于中、高海拔草甸，如东灵山、百花山等地数量极多。6～8月可见成虫。

艾网蛱蝶

拉丁学名 *Melitaea arcesia*

分类归属 鳞翅目 蛱蝶科

较小的、豹纹状的蝴蝶，但其实翅形与配色都和豹蛱蝶类有很大不同。本种为北京中、高海拔草甸常见物种，雌雄色彩差异很大，更黑更大的是雌性。

形态描述

后翅反面具有网格状白斑，翅正面雌雄差异很大：雄性为橘黄色、翅端半部被黑色条纹分割成网格状；雌性黑色部分更多，分割在黑色线条中的彩色斑块更多彩，有橘黄色、淡黄色和白色斑。

翅展36～43mm。

寻虫指南

本种在东灵山、百花山等地数量极多。6—7月可见成虫。

蜘蛱蝶

别名 花斑蛱蝶

拉丁学名 *Araschnia levana*

分类归属 鳞翅目 蛱蝶科

较小的、豹纹状的蝴蝶，但其实翅形与配色都和豹蛱蝶类有很大不同，前翅上的数个白色斑点可将本种与近似色彩的蝴蝶区分开。本种为北京山区常见物种。

形态描述

后翅反面具有乱蛛网一样的白色线条。翅正面为橘黄色，具有一系列黑色斑块，其中翅基附近的黑色斑块被橘黄色细条分割成网状，前翅靠近端缘处具有数个白色斑点。

翅展 38 ～ 48mm。

寻虫指南

本种在山区较常见，松山、雾灵山等地数量较多。4—8 月可见成虫。

红线蛱蝶

拉丁学名 *Limenitis populi*
分类归属 鳞翅目 蛱蝶科

本种因翅缘的红/蓝色斑纹，而独具一格，易于识别，其在北京没有任何近似种。

形态描述

翅正面黑色，具有一系列白色斑点，其中白斑在后翅上组成整齐的线条；前翅上半部分和后翅具有红色弧纹在近端部处组成的虚线；后翅端部到红纹之间还有2条蓝色弧纹。

翅展68 ~ 72mm。

寻虫指南

本种见于中等海拔高度的山林中，小龙门、雾灵山等地可见。6—7月可见成虫。

横眉线蛱蝶

别名 眉线蛱蝶

拉丁学名 *Limenitis moltrechti*

分类归属 鳞翅目 蛱蝶科

本种虽然与多种线蛱蝶/环蛱蝶花纹类似，但其在自然停落状态时前翅较为上提，可区别于前翅低垂、整体很显横长的环蛱蝶属种类。其前翅靠近基部约1/3处具有一孤立的眉状白纹，翅基无任何白纹，翅近顶角处有3个竖叠的白色斑点，翅端缘无红/蓝色条纹——以此组合特征即可区别于其他国产的近似种蝴蝶。

形态描述

翅正面黑色，具有一系列白色斑点，其中白斑在后翅上组成整齐的宽带；前翅基部无任何白斑，在靠近基部约1/3处具有一孤立的眉状白纹，在自然展翅停落状态下，两翅的该白纹合为“八字眉”状；前翅近顶角处有3个竖叠的白色斑点。

翅展50～55mm。

寻虫指南

北京深山区的夏季常见种，常见在路上、石头上停歇，或在路边飞舞。6～8月可见成虫。

小环蛱蝶

拉丁学名 *Neptis sappho*

分类归属 鳞翅目 蛱蝶科

本种虽然和多种环蛱蝶花纹类似，但体形较小，前翅靠近端缘处具有一排整齐的白点连成与翅缘弧度近似的弧纹，以此特征即可区别于北京其他的环蛱蝶。

北京所产的本种为*intermedia*亚种。

形态描述

翅正面黑色，具有一系列白色斑点，其中白斑在后翅上组成2条整齐的宽带；前翅基部延伸出一个长三角形白斑，直到中部，和另一个相反的三角形白斑底面相对；前翅近端缘处有和端缘弧度近似的一排白点组成的弧纹。

翅展40～50mm。

寻虫指南

山区夏季常见种，常见在路上、石头上停歇，或在路边飞舞。4～9月可见成虫。

单环蛱蝶

拉丁学名 *Neptis rivularis*

分类归属 鳞翅目 蛱蝶科

本种虽然和多种环蛱蝶花纹类似，但体形较小，后翅仅有一排由整齐白斑组成的横纹，且该纹相当宽大，以此特征即可区别于北京其他的环蛱蝶。

中国北方所产的本种为*magnata*亚种。

形态描述

翅正面黑色，具有一系列白色斑点，其中后翅仅具有一排由整齐白斑组成的横纹；前、后翅中部的白斑，在自然展翅静伏时连成横置的“0”形环纹；前翅基部延伸出的一排白斑边缘都很清晰，没有絮毛状的边缘。

翅展45～52mm。

寻虫指南

山区夏季常见种，常见在路上、石头上停歇，或在路边飞舞。5—8月可见成虫。

重环蛱蝶

拉丁学名 *Neptis alwina*

分类归属 鳞翅目 蛱蝶科

本种虽然和多种环蛱蝶花纹类似，但体形较大，前翅由基部延伸的白条端部的上缘为絮毛状，不整齐，同时前翅顶角具有白斑——以此组合特征即可区别于北京其他的环蛱蝶。

形态描述

体形较大，翅正面黑色，具有一系列白色斑点，其中后翅具有2排由整齐白斑组成的横纹，且前面的一排与前翅的白斑连成完整的环纹；前翅顶角具有一白斑；前翅由基部延伸到中部的白条，其端部上缘为絮毛状，不整齐。

翅展70～77mm。

寻虫指南

山区夏季常见种，常见在路上、石头上停歇，或在路边飞舞。6～8月可见成虫。

黄环蛱蝶

拉丁学名 *Neptis themis*
分类归属 鳞翅目 蛱蝶科

虽然和斑纹为黄色的多种环蛱蝶花纹类似，但本种前翅顶角附近3个竖叠黄斑中的最下方的一个，其形状圆而边界清晰，无擦痕状拖尾，且比上面的黄斑靠外很多；前翅基部向外延伸的黄条，其端部距离更外侧黄斑很近，二者之间的黑色空隙狭窄——以此组合特征即可区别于北京其他的环蛱蝶。

北京所产的本种为指名亚种。

形态描述

翅正面黑色，具有一系列黄色斑点，其中前、后翅中部的黄斑在自然展翅静伏姿态时连成一个横置的“0”形环斑；前翅靠近顶角处具有3个黄斑，错位排列，其中最外侧的黄斑圆而边界清晰，无擦痕状拖尾，且比上面的黄斑靠外很多。

翅展65 ~ 75mm。

寻虫指南

山区夏季常见种，常见在路上、石头上停歇，或在路边飞舞。6—8月可见成虫。

提环蛱蝶

拉丁学名 *Neptis thisbe*
分类归属 鳞翅目 蛱蝶科

虽然和斑纹为黄色的多种环蛱蝶花纹类似，但本种前翅顶角附近3个竖叠黄斑中的最下方的一个，其形状有些竖长、不太圆，下方具有擦痕状拖尾，且比上面的黄斑靠外很多；前翅基部向外延伸的黄条，其端部距离更外侧黄斑稍远，二者之间的黑色空隙不为细线状——以此组合特征即可区别于北京其他的环蛱蝶。

本种即《北京蝶类原色图鉴》中没有鉴定出具体种类的“拟黄环蛱蝶”。

形态描述

翅正面黑色，具有一系列黄色斑点，其中前、后翅中部的黄斑在自然展翅静伏姿态时连成一个横置的“0”形环斑；前翅靠近顶角处具有3个黄斑，错位排列，中间的黄斑比上下两个大很多，下方的黄斑不太圆，具有向下的擦痕状拖尾，且比上面的黄斑靠外很多。

翅展68～81mm。

寻虫指南

山区不常见种，原记载产于门头沟，现增加雾灵山的记录。6～9月可见成虫。

琉璃蛱蝶

拉丁学名 *Kaniska canace*

分类归属 鳞翅目 蛱蝶科

翅上具有连贯的闪蓝色花纹，是非常容易辨识的中型蝴蝶。要想看到这种漂亮的蝴蝶，需要在4、5月就进山寻找。其飞行迅速，不易接近。早春光秃秃的山林，更增加了赏蝶者隐蔽接近它的难度。

形态描述

翅正面黑色，具有闪蓝色、较宽的色带，几乎从前翅顶角沿翅缘内侧一直延伸到后翅臀角；翅反面色彩及纹理似树皮，有很好的伪装性。

翅展53～70mm。

寻虫指南

山区春季常见种，在溪流附近较容易看到，有时也可在树干流出发酵汁液处见到。4—5月可见成虫。

荨麻蛱蝶

拉丁学名 *Aglais urticae*

分类归属 鳞翅目 蛱蝶科

漂亮的暖色系蝴蝶。落日橙色已极美，再加上斑纹与天蓝色翅缘的点缀，令本种的可欣赏元素颇多。如果你讨厌山林中令人刺痛红肿的荨麻，请为荨麻蛱蝶“打call”，因为本种幼虫的主要啃食对象就是荨麻！

形态描述

翅正面橙色，不同位置有一些深浅过渡的变化。前翅前缘具有3个大块黑斑，中部具有1个大块黑斑，还有2个小黑斑；后翅基半部黑色，端部具有一排天蓝色月牙状弧斑，镶嵌在端缘的黑色条带里。后翅有极短的尾突。

翅展38～48mm。

寻虫指南

山区夏季常见种，分布海拔广泛，稍有海拔的山区都有本种栖息。6—8月可见成虫。

孔雀蛱蝶

拉丁学名 *Inachis io*

分类归属 鳞翅目 蛱蝶科

本种为世界上最美的蝴蝶之一，其翅上具有眼斑，其中后翅的斑纹更像是浓眉蓝瞳。瑞典博物专家卡尔·林奈以希腊神话中河神伊纳科斯（Inachus）美丽非凡的女儿伊娥（Io）来命名本种，作为对其美丽的盛赞，属名*Inachis*则是源于Inachus。

以前我国曾广泛使用韦氏拼音。被称为“蝶神”的已故著名昆虫学家周尧，用“Chou Io”而不是韦氏拼音拼法的“Chou Yao”作为自己的世界名片，虽与他是世界语支持者有关，但这也与他喜爱的蝴蝶达成了双关之妙。

形态描述

翅正面红色；前翅顶角处具有一个巨大的眼斑，翅中部紧挨眼斑处有一个大黑斑；后翅外侧具有一个巨大的蓝色眼斑，斑有黑边，黑边外有白边，上方还有一黑色弧纹，整体如浓眉下的蓝瞳一般。翅反面为细密的黑褐色麻纹，在树皮和枯叶环境下可充当保护色。

翅展53～63mm。

寻虫指南

本种在北京中海拔山区广布，但数量不多。4～9月可见成虫活动，并以成虫越冬。

大红蛱蝶

拉丁学名 *Vanessa indica*

分类归属 鳞翅目 蛱蝶科

本种为北京常见蝴蝶，前翅下半部分和后翅大部分都为无斑点的褐色区域，可与翅面大部分都为橙色的小红蛱蝶轻松区分开来。大红蛱蝶翅面的“红色”（其实为橙色）区域其实比小红蛱蝶少，但它体形常略大一点点，故称“大红”。

形态描述

前翅中部和后翅端缘橙色，具有黑斑；前翅顶角内侧占据翅面近半的区域为黑色，其中有白色碎斑；前翅基部到臀角、后翅大部为褐色或黑褐色，无斑纹。

翅展54～70mm。

寻虫指南

本种在北京山区相当多见，平原也有，但数量不多。花间、树干流出发酵的汁液处、烂水果堆都是本种容易出现的地方。5—10月可见成虫。

摄影/陈炜

小红蛱蝶

拉丁学名 *Vanessa cardui*

分类归属 鳞翅目 蛱蝶科

本种为北京常见蝴蝶。略似豹蛱蝶类，但本种前翅顶角具有大面积的黑色区域，内有白斑。本种翅面大部分都为豹纹状花色，可与翅面中间大部分都是褐色无斑的大红蛱蝶轻松区分开来。

形态描述

翅面大部都为橙色，具有一系列豹纹状黑斑；前翅顶角向内近半区域为黑色，内有一些白色斑点。后翅仅内侧较小区域为黑褐色、无斑，自然静伏状态下褶皱在体侧不可见。

翅展47～67mm。

寻虫指南

本种在北京山区相当多见，平原也有，但数量不多。花间、树干流出发酵的汁液处、烂水果堆都是本种容易出现的地方。6－10月可见成虫。

白斑迷蛱蝶

拉丁学名 *Mimathyma schrenckii*

分类归属 鳞翅目 蛱蝶科

北京不常见的大型蝴蝶，是人气很高的著名观赏种。《北京蝶类原色图鉴》中的“大闪蛱蝶”即此种，其因从原来的闪蛱蝶属*Apatura*中分出，归入迷蛱蝶属，故改名。北京所产的本种为色彩艳丽的*media*亚种。

形态描述

体形大，翅面黑色，前翅前缘中部向臀角方向有一列竖叠的白色斑纹，近顶角处也有白斑，前翅中部靠后缘处还有红色月牙形弧纹；后翅近端缘具有一条深蓝色弧斑，翅中部具有硕大的白斑，其下方有蓝色宽边。

翅展88～94mm。

寻虫指南

本种在北京山区数量不多，一般见于中海拔林区，为偶见的漂亮品种。7—8月可见成虫。

大紫蛱蝶

拉丁学名 *Sasakia charonda*

分类归属 鳞翅目 蛱蝶科

北京不常见的大型蝴蝶，是人气很高的著名观赏种。该种雄性是具有荧光感的紫色，且体形很大，受到人们喜爱，被邻国日本定为“国蝶”。

形态描述

体形大，雌雄异色：雄性翅正面基半部有强烈的蓝紫色，该区域翅面反光很强，稍有光照即反射出荧光般的紫色，翅端半部为黑色且无光泽，翅面具许多白点，后翅靠近臀角处具有小红点；雌性无闪紫色，余与雄性同。

翅展80～115mm。

♂

♀

寻虫指南

本种在北京山区数量不多，一般见于中海拔林区，为偶见的漂亮品种。7—8月可见成虫。

柳紫闪蛱蝶

拉丁学名 *Apatura ilia*

分类归属 鳞翅目 蛱蝶科

北京山区较常见的漂亮蝴蝶，在其翅上可欣赏到如大紫蛱蝶一样的闪紫色。本种前、后翅各有一个红色眼斑，可区别于其在北京唯一的近似种——仅后翅有眼斑的闪紫蛱蝶*A. iris*。

形态描述

体形中等。雌雄异色：雄性翅正面有强烈的蓝紫色，依据观察角度与光照条件的不同，其色彩从反光极强的闪紫色到深蓝色到黑色变化，翅端缘黑色且无光泽，翅面具有许多白点，每翅有一个红色眼斑；雌性亦有闪紫色，但翅面发黄褐色，并具有大量橙色条纹。

翅展55 ~ 72mm。

寻虫指南

本种在北京山区分布广泛，雾灵山等地数量较多。6—8月可见成虫。

♂

朴喙蝶

拉丁学名 *Libythea celtis*

分类归属 鳞翅目 蛱蝶科

本种前翅具有独特的向后倒钩状的翅缘，极具辨识度。喙蝶科Libytheidae以前为一独立的小科，现已并入蛱蝶科。喙蝶的下唇须特别长，粗而僵直，伸于头前方，如鸟喙状；其触角也僵直短小，缺乏端锤，和一般蝴蝶很不一样。

形态描述

躯干黑色，翅褐色，具有一系列橙色连斑，前翅接近顶角处另有白色斑点。前翅端缘中部钩状突出。触角短小单调，缺乏显著的端锤。下唇须极发达，伸直在头前如鸟喙状。

翅展42～49mm

寻虫指南

本种在北京山区极常见，尤其早春，因以成虫越冬，而成为最早出现的山区蝴蝶之一。4—8月可见成虫活动。

白眼蝶

拉丁学名 *Melanargia halimede*

分类归属 鳞翅目 眼蝶科

北京亚高山草甸上最常见的蝴蝶之一，其在北京没有近似种，容易识别。本种也是除绢眼蝶之外，北京仅有的以白色为主色调的眼蝶。

形态描述

体形中等，翅正面白色，翅端和前翅后缘有较多黑褐色区域，翅脉也为黑褐色。头、胸、腹黑色，具有一些白毛。

翅展58～62mm

寻虫指南

本种在北京山区分布广泛，尤以山顶草甸环境最常见，东灵山、百花山、间家坪等地数量极多。6—8月可见成虫。

斗毛眼蝶

拉丁学名 *Lasiommata deidamia*

分类归属 鳞翅目 眼蝶科

本种为北京山区林下最常见的眼蝶，其翅色在林下落叶层上有很好的保护效果。其受到轻微惊扰常不远飞，仅振翅数次即停落在与体色近似处，仿佛自信地表示“你看不到我”。

形态描述

体形中等，翅褐色，躯干也为褐色；前翅接近顶角处具有一个黑色眼斑，其中心为白色，在内侧和下侧还有一些碎云状白纹。后翅正面具有2～3个较小的眼斑。

翅展52～55mm。

寻虫指南

本种在北京山区分布广泛，从低山到最高海拔的林下、林缘都有。其在有落叶层的阔叶林中特别常见。4—9月可见成虫。

蛇眼蝶

拉丁学名 *Minois dryas*

分类归属 鳞翅目 眼蝶科

本种为北京最大型的眼蝶之一，虽然有数种体色与之近似的眼蝶，但本种体形大、前翅具有2个眼斑、后翅具有1个眼斑，凭此组合特征即可轻松识别。

形态描述

翅黑褐色，躯干也为黑褐色；前翅正面具有2个上下排列的黑色眼斑，后翅正面具有1个更小的黑色眼斑，这些眼斑的中心都为白色。

翅展52～55mm。

寻虫指南

本种在北京山区分布广泛，常见于林缘。7—8月可见成虫。

绢眼蝶

别名 丫纹绢眼蝶

拉丁学名 *Davidina armandi*

分类归属 鳞翅目 眼蝶科

本种眼蝶特殊，翅的两面都无任何眼斑。其黑脉白翅的外观，易被人误认成绢蝶或绢粉蝶。但本种前、后翅中室中具有黑色的“Y”形纹，此即可与近似种区分开来。其翅形与绢蝶或绢粉蝶其实也有很大区别。

形态描述

翅白色，翅脉为黑褐色，多数翅脉沿脉两侧的黑褐色有一定程度的扩展；翅端缘各脉之间还有黑色细短纹，同时翅端缘整体加深。头、胸、腹为黑色。

翅展54～56mm。

寻虫指南

本种在北京山区林缘、路边偶见，分布海拔700～2300m，5—7月可见成虫

蓝灰蝶

拉丁学名 *Everes argiades*

分类归属 鳞翅目 灰蝶科

灰蝶体形渺小且总合翅隐藏自己，因而很少有人注意到，但蓝灰蝶是一个例外——其因过于常见、数量极多，总有一些人看到过它偶然打开的翅膀，并被这种小不点蝴蝶身上所迸发出的耀眼蓝色惊艳到。

形态描述

后翅具有柔细的尾突。雄性翅正面蓝色，仅翅端缘黑色，并因翅端缘具有白毛而令黑色不明显。雌性无闪蓝色或蓝色区域有限，翅正面大部为黑色，后翅端部具有红斑。翅反面白色，具有一系列小黑斑和翅缘的红斑。

翅展20～28mm。

寻虫指南

本种在北京山区极常见，城区尤其郊区也容易见到，属访花蝴蝶中的最常见种之一。4—9月可见成虫。

♂

红珠灰蝶

拉丁学名 *Lycaeides argyrognomon*

分类归属 鳞翅目 灰蝶科

有一些灰蝶和蓝灰蝶很像，容易混淆。红珠灰蝶就是其一，还很常见，因而更易与蓝灰蝶相互认错。本种雄性与蓝灰蝶的首要区别是体形稍大且无尾突，但灰蝶尾突常残损，故而可以用如下方法区分：本种雄性前翅端缘黑色区域窄到裸眼几乎不可见，但后翅前缘却具有宽大的黑色区域；本种雌性后翅的红斑弧曲程度更大，且通常红斑更多。

形态描述

后翅无尾突；雄性翅正面蓝色，后翅前缘具有宽大的黑色区域，后翅后缘有时具有一排小黑点，或黑点较大相互联结，使后翅蓝色区域的后缘被黑色侵蚀为锯齿状。雌性无闪蓝色，翅正面大部为黑色，后翅端部具有

♂

♀

一排月牙形红斑，有时前翅也有类似红斑。翅反面白色，具有宽大的橘红色条带，后翅反面还有闪蓝色小斑点。

翅展30 ~ 35mm。

寻虫指南

本种在北京山区极常见，郊区平原地带也能见到。4—9月可见成虫。

榆凤蛾

拉丁学名 *Epicopeia mencia*

分类归属 鳞翅目 凤蛾科

榆凤蛾常被人误认为是凤蝶，但其触角形态、臃肿的体形暴露了它是蛾。它是少有的昼行性大型飞蛾。

形态描述

后翅有尾突。翅黑色，后翅端半部具有一系列红色不规则形状斑纹。腹部节间也为红色。

翅展55～91mm。

寻虫指南

本种在北京山区偶见，榆树附近有时可见到雌虫围绕飞行。7—8月可见成虫。

小豆长喙天蛾

拉丁学名 *Macroglossum stellatarum*

分类归属 鳞翅目 天蛾科

把昼行性天蛾当成蜂鸟，大概可以算生物界十大经典“乌龙鉴定”之一了，由此引发的“中国居然发现了蜂鸟”之类的新闻，总是令博物学爱好者感到心塞。

小豆长喙天蛾，是这些“有高超悬停技巧”“飞行快得让人看不清”的天蛾当中最常见的一种。虽然有不少近似种，但本种后翅全为橙色，可与北京可能出现的其他长喙天蛾相区别。

形态描述

体背面为灰褐色，腹部具有由黑色、白色毛簇形成的流苏状“斑纹”。后翅橙色，前、后翅的反面也常显露暗橙色，尽管停落时人们几乎看不到本种身上的橙色，但在本种振翅飞行时会看上去明显具有橙色观感。

翅展 48 ～ 60mm。

导虫指南

本种在北京各地的花间很常见，尤其是开满大片花的地方，晴天时，总是容易见到它来吸食花蜜。3—10月可见成虫。

黑边天蛾

拉丁学名 *Hemaris fuciformis*

分类归属 鳞翅目 天蛾科

本种的历史鉴定漏洞百出，总被误鉴定为“咖啡透翅天蛾”。但其实并不是身上有咖啡色且翅膀透明的就是咖啡透翅天蛾……

本种为黑边天蛾属模式种，本属翅具有宽大的暗色边缘，可与翅几乎完全透明的透翅天蛾属轻易区分开来。

形态描述

翅中部透明，翅脉为红褐色；翅基部覆与头、中胸背板同色的橄榄色长毛；翅缘为红褐色，尤其翅端缘具有相当宽大的红褐色边；腹烟黄色，中部红褐色，端部具有黑色长毛簇。

翅展 38 ～ 45mm。

寻虫指南

本种在北京分布广泛但数量远不如小豆长喙天蛾多。晴天时，偶见到本种访花。5—8 月可见成虫。

蓝角黑边天蛾

拉丁学名 *Hemaris ottonis*
分类归属 鳞翅目 天蛾科

本种数量很多，常被人当成小豆长喙天蛾，其实与之差异巨大。本种比属模式种黑边天蛾常见很多，其翅边缘为真“黑边”，而不是红褐色；腹中部具有黑斑，而不是红褐色，可与之相区别。

形态描述

翅中部透明，翅脉为黑褐色；翅缘为黑褐色，尤其翅端缘具有相当宽大的黑褐色边；体色枯黄色至橄榄色，背面胸侧具有一绺淡黄色长毛，腹部有一系列黑斑，腹端部具有黑色长毛簇。触角近观具有蓝色金属光泽。

翅展 37 ～ 40mm。

寻虫指南

本种在北京山区分布广泛，红花锦鸡儿盛开时极常见。晴天时，即容易见到本种访花。4—8 月可见成虫。

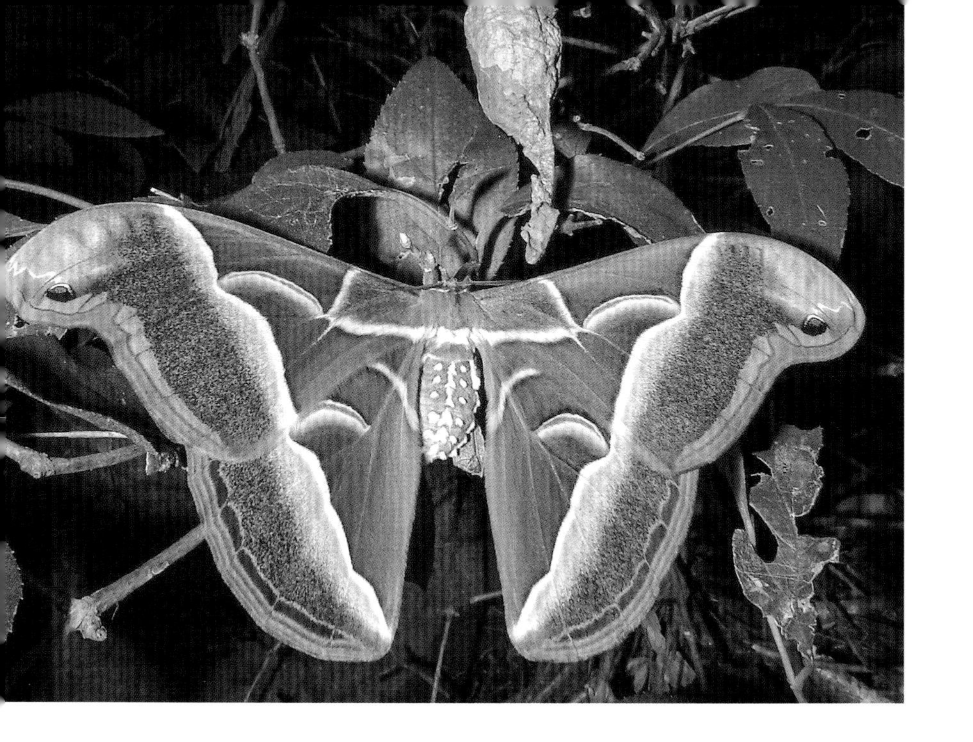

樗蚕

拉丁学名 *Samia cynthia*

分类归属 鳞翅目 大蚕蛾科

大蚕蛾科体形大而美观，是蛾类中人气最高的类群。樗蚕为北京10种大蚕蛾中唯二极常见的种类之一，夏夜常出现在山区路灯下、民居窗前。如进行灯诱，很容易见到本种。

形态描述

体巨大型，前翅顶角强烈突出。翅正面褐色，具有从前翅前缘中部纵贯到后翅臀角的灰白色斜纹，斜纹外侧有淡红棕色弥散状扩展；每翅中部具有一个月牙状弧纹；前翅顶角具有小型眼斑。

翅展120～135mm。

寻虫指南

本种在北京山区分布广泛，有时也飞到山脚下的平原。本种为灯下常见物种，夏夜灯诱有很大概率见到。6—8月可见成虫。

绿尾大蚕蛾

别名 水青蛾

拉丁学名 *Actias selene*

分类归属 鳞翅目 大蚕蛾科

北京10种大蚕蛾中唯二极常见的种类之一，夏夜常出现在山区路灯下、民居窗前。如进行灯诱，很容易见到本种。本种的美观，改变了许多人对“扑棱蛾子”的刻板印象，不少人因见过绿尾大蚕蛾而开始喜欢蛾类。

形态描述

体巨大型，后翅有长而旋扭的尾突，其长度接近后翅翅面主体长度。翅水青色，略透明，前翅前缘紫红色，并且两翅间中胸上也有紫红色带，与翅缘色带相连贯。每翅中部具有一弦月状眼斑，其一半为淡黄色，一半为暗色。

翅展115～140mm。

寻虫指南

本种在北京山区分布广泛，有时也飞到山脚下的平原。本种为灯下常见物种，夏夜灯诱有很大概率见到。4、5、7、8月可见成虫。

长尾大蚕蛾

拉丁学名 *Actias dubernardi*

分类归属 鳞翅目 大蚕蛾科

北京很罕见的一种大蚕蛾，可能仅见于雾灵山。其具有极长的尾突，长度超出一般人的想象，飞行时如水袖飘舞。若以体形而论，本种为北京最美的一种大蚕蛾。

形态描述

体巨大型，后翅有极长而旋扭的尾突，其长度远超过前翅长度或头到后翅端缘的总长。雄性翅水青色，尾突中部粉红色；雌性翅黄绿色，翅端缘与尾突都为粉红色。无论雌雄，前翅前缘紫红色，并且两翅间中胸上也有紫红色带，与翅缘色带相连贯。前翅中部具有一个倒置的逗号状眼斑，其一半为淡黄色，一半为紫红色且具有黑边。

翅展 80 ～ 120mm。

寻虫指南

本种在北京仅发现于雾灵山，且数量不多，夏夜灯诱有一定概率见到。6—8 月可见成虫。

♂

合目大蚕蛾

别名 蒙蚕蛾

拉丁学名 *Saturnia boisduvali*

分类归属 鳞翅目 大蚕蛾科

严寒中活跃的大蚕蛾，其出现的时候山里已近隆冬。

本种在过去曾被归于*Rinaca*或*Caliguna*属，并在国内广为采用。但德国学者Naumann和Nässig根据前人所做的分子生物学/幼虫形态学等研究成果，认为“此二属差异甚小，且*Caliguna*非单系；如执意保留此二者的属或亚属级地位，则大蚕蛾的许多种组也必须全部提升为独立属或亚属。如此分类过细且没有实用意义”，因此，建议原属*Rinaca*或*Caliguna*的种类全部归入*Saturnia*属。

形态描述

体大型，中胸和前翅基部中央红褐色；翅正面大部为褐色，有些个体翅色发红；前翅前半部分为灰白色与褐色的混色。每翅具有一个圆形眼斑，内大部为红褐色，外周黑色。

翅展 75 ~ 107mm。

寻虫指南

本种在北京中海拔山区数量很多，但出现时节很晚，所以少有人见到。深秋、初冬在东灵山、小龙门、百花山等地灯诱有极大概率见到。9—10月可见成虫。

闭目大蚕蛾

别名 藏蚕蛾、北方藏蚕蛾

拉丁学名 *Saturnia thibeta*

分类归属 鳞翅目 大蚕蛾科

夏末秋初才开始出现的大蚕蛾，可持续活跃到秋末。本种受惊时可突然亮出后翅的眼斑，达到从“闭目”到突然“怒目圆睁”的恐吓效果。

本种在过去曾被归于*Rinaca*属或*Caliguna*属，并在国内广为采用。现德国学者建议原属*Rinaca*或*Caliguna*的种类全部归入*Saturnia*属。

形态描述

体巨大型，翅鲜黄色，前、后翅上都有许多褐色花纹。前翅的眼斑不明显，如闭着的眼睛；后翅的眼斑对比度很强，如圆睁的眼睛，且有红褐色花纹围绕。

翅展100～130mm。

寻虫指南

本种在北京小龙门数量很多，秋季进行灯诱，有极大概率见到。8～10月可见成虫。

樟蚕

拉丁学名 *Saturnia pyretorum*
分类归属 鳞翅目 大蚕蛾科

本种在北京山区广布，但因出现时节太早，山里还非常寒冷，甚至隆冬积雪未消，深山景区均不在开放时间内，因而罕有人寻见本种。

樟蚕的分类是一个世界难题，其原记载广布于全国乃至苏联、印度等地，但其中可能包含数量不等的极相似物种。近年来，德国学者将樟蚕一再拆分，形成许多物种，但并未得到普遍公认。在这些争议性的成果中，北京所产的樟蚕为新独立的物种*S. cognata*。但本书中暂时还沿用樟蚕以前的物种名，因为该种虽然大概率为复合种，但显然其目前的拆分处理尚不完善。所以北京的“樟蚕”到底是什么种类，现在还不是尘埃落定之时。

形态描述

体大型，翅色以黑、白、灰为主，兼有紫褐色条纹。翅缘亮白色，其实最外缘为灰色，但不明显。每翅具有一眼斑，由黑、白、蓝、黄4种颜色的嵌套图案组成。中胸和前翅基部黑色。

翅展100～110mm。

寻虫指南

本种在山区广布，但因出现时节太早，若非冒着严寒毅然前往山里，则不可能见到。本种有趋光性，通过灯诱可以见到。3—4月可见成虫。

摄影／杨南

雾灵豹蚕蛾

拉丁学名 *Loepa wlingana*

分类归属 鳞翅目 大蚕蛾科

这是一个少见的种类，为我国已故著名昆虫学家杨集昆先生所发表，以其模式产地雾灵山命名，成为“以雾灵山命名的物种”中特殊的一员。其特殊之处在于创造了豹蚕蛾属的分布北限：该属本多见于南方、热带地区，自1978年雾灵豹蚕蛾在《华北灯下蛾类图志（中）》上发表以来，该属的北限直接跳跃到北京。

♀

形态描述

体中到大型，翅淡黄色，前翅顶角和前缘基部褐色。每翅有3组波状黑线，并有一个红褐色眼斑；后翅近端缘处还有一排黑色虚线。雌性大于雄性，且腹部节间露出较多绿色。

翅展60 ~ 95mm。

寻虫指南

本种栖息于北京中、高海拔山区林下，但数量很少，雾灵山、海坨山、百花山、小龙门有记录。本种有趋光性，通过灯诱可以见到。7—8月可见成虫。

丁目大蚕蛾

拉丁学名 *Aglia tau*

分类归属 鳞翅目 大蚕蛾科

虽然体形小，但本种是少有的白天也活跃的大蚕蛾，十分特殊。其飞舞的姿态如蝴蝶，是桦树林下一道亮丽的风景线。本种眼斑中的白纹非常特殊，其拉丁名种加词*tau*即指这“丁字形”的白纹好像希腊字母Τ（读音似“套”）。

形态描述

体中型。雄性翅橘黄色；雌性翅色可较浅，可为淡黄褐色。无论雌雄，翅近端缘都有与翅缘轮廓近似的黑褐色线条，有些雄性个体体色较浓重，整个翅缘都是黑色。每翅中部具有一个眼斑，其内部深蓝色，并有一个“T”形或“Y”形白色细纹，有时此白纹形状不典型。

翅展60～75mm。

导虫指南

本种在北京中、高海拔山区广布，雄性白天常在林间飞舞，似蝴蝶。本种有趋光性，通过灯诱也可以见到。5—7月可见成虫。

黄褐箩纹蛾

拉丁学名 *Brahmaea certhia*

分类归属 鳞翅目 箩纹蛾科

箩纹蛾普遍体形大而富有特殊纹饰，受到蛾类爱好者喜爱，其人气可能仅次于大蚕蛾科。

箩纹蛾科种类稀少。在“翅上有球”的更漂亮箩纹蛾种类未在北京发现时，本种曾是北京唯一的一种箩纹蛾。历史上北京有记录的所谓“紫光箩纹蛾*B. porphyria*”和北京的“黑褐箩纹蛾*B. christophi*”记录，很可能均为对本种的误鉴定。

形态描述

体大，整体呈黑褐色。翅面近边缘处具有一系列密集波状条纹组成的“箩纹”区域，视觉效果奇异，如同箩筐的细节纹理，又有像蛇皮一样的观感。部分翅脉在白光照射下会呈现具有荧光感的蓝紫色。

翅展 120～140mm。

寻虫指南

本种在北京中海拔山区广布，低海拔山区有时也能见到，一般见于灯下，通过灯诱获得。4—7月可见成虫。

鸣鸣蝉寄蛾

拉丁学名 *Epipomponia oncotympana*
分类归属 鳞翅目 寄蛾科

寄蛾科是一个特殊小科，北京的蝉寄蛾几乎专性寄生在鸣鸣蝉 *Hyalessa maculaticollis* 身上。每逢夏末，总能见到一些鸣鸣蝉腹部侧面挂满了白色毛绒球，即蝉寄蛾的大龄幼虫。幼虫老熟后会悬丝落到低处化蛹。

我国已故著名昆虫学家杨集昆先生，曾在1977年出版的《华北灯下蛾类图志（上）》一书中，以“*Epipomponia oncotympana*”发表本种，为他一生中所发表的2000多个昆虫新种之一，也是经由他发表才令中国昆虫爱好者普遍知道的“稀奇古怪昆虫小类群”之一。但大概因为疏忽，书中所发表的许多新种中，唯独本种未按惯例标上“sp. n.(新种)”标记。

♀

♂

因此，本种的这个新种名称不被一些学者认可，但它作为寄蛾科首次走进大陆学者、爱好者视野的经典代表，作为本种的正式名称，在过去几十年中流传甚广。

最近，于青青、魏琮等人以分子生物学研究，认为我国任何地区任何蝉科身上所有的蝉寄蛾都为发表自日本的老种*E. nawai*。但北京所产的蝉寄蛾，其雌性身上蓝色鳞片的形态与分布情况、雄性翅缘形态、两性触角形态，都与笔者见到的产自日本或我国台湾的*E. nawai*很不同；同时，*E. nawai*百余年来未发现雄性，均进行孤雌生殖，而北京的蝉寄蛾有大量雄性，并可两性交配繁殖。因此，笔者对他们的结论保留意见。虽然寄生性物种的形态变化有时较大，但也许仍有必要对国内外的蝉寄蛾进行更多的比对研究，在那之前，笔者认为不能断定北京的蝉寄蛾就是发表自日本的*E. nawai*。

对于任何昆虫，人类终将会有越来越深入的认识。无论鸣鸣蝉寄蛾最终分类地位归属于何——是有效种，或只是个异名——其被杨集昆先生率先进行正确的识别并介绍给国人，又引起了众多爱好者的兴趣，这个“国内第一”的历史贡献，是不会改变的。

形态描述

体小型，雌性显著大于雄性。雌性翅黑色，前翅具有繁星一般布满翅面的蓝色斑点；雄性翅黑褐色至黑色，具有分布不均匀的灰色斑点。

翅展13 ~ 24mm。

寻虫指南

本种广布于北京山区、香山、虎峪等一些地点，数量极大，对鸣鸣蝉的寄生率极高，每逢8月中下旬，其纷纷离开寄主，悬丝落到低处化蛹，有白色毛绒粉被的蛹壳随处可见。8～9月可见成虫。

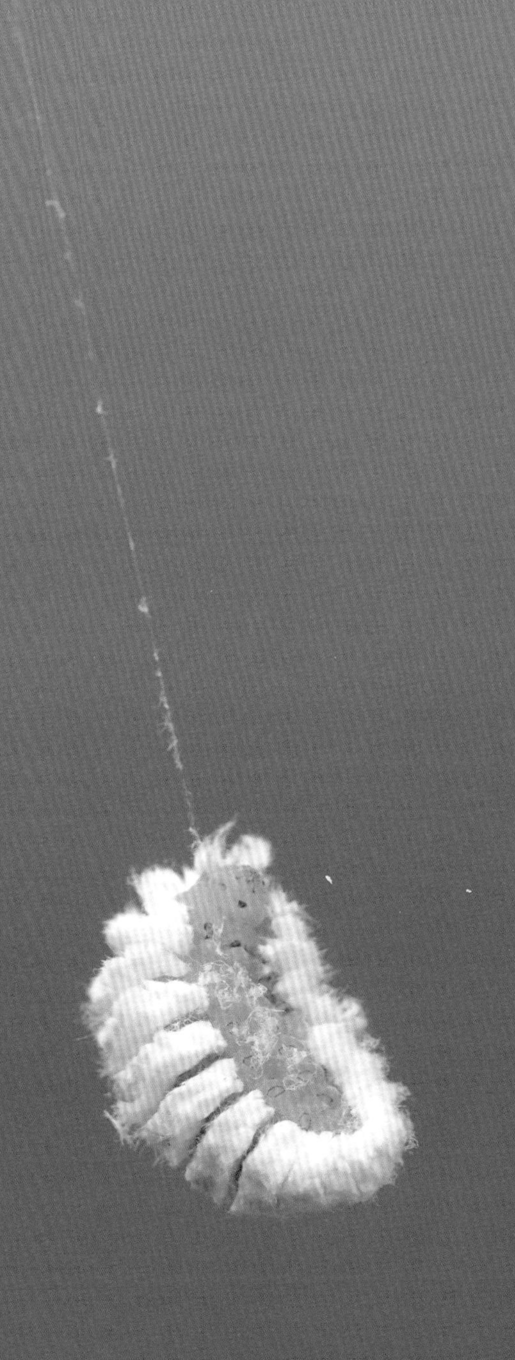

老熟幼虫

斑衣蜡蝉螯蜂

拉丁学名 *Dryinus lycormae*

分类归属 膜翅目 螯蜂科

螯蜂科的部分类群十分奇特，其雌虫的前足特化为蟹钳状，可以辅助强行控制并捕食猎物，这在膜翅目中相当特殊。

斑衣蜡蝉螯蜂，为我国已故著名昆虫学家杨集昆先生于1994年所发表，并经由1999年出版的《中国珍稀昆虫图鉴》以猎奇方式进行科普，令大多数国内昆虫爱好者第一次知道“原来还有螯蜂这么一类神奇的昆虫”“原来普通至极的斑衣蜡蝉还有如此奇特的关联物种”。

斑衣蜡蝉螯蜂专性寄生在常见昆虫斑衣蜡蝉*Lycorma delicatula*幼虫身上。翅芽下有黑囊状凸起的斑衣蜡蝉幼虫，即为被寄生状。螯蜂幼虫老熟后，会落地化茧，待到来年春季，斑衣蜡蝉若虫出现时，它们也纷纷羽化破茧。

♀

♀

21世纪以来，一些学者将斑衣蜡蝉螯蜂认作布氏螯蜂*Dryinus browni*的异名，但实际上北京所产的斑衣蜡蝉螯蜂，与美国国家博物馆（USNM）所藏的布氏螯蜂模式标本，二者相差很大：无论是触角形态、雌性螯的特征，还是各足的形态，都显著不同。因此，笔者不认为斑衣蜡蝉螯蜂就是布氏螯蜂，在本书中维持杨集昆先生发表的名称。

形态描述

雌性前足跗节特化为蟹钳状；前翅黑白相间，两处大型黑斑占据翅面的大半；躯体黑色；触角第1、2节和第7～10节橙色；足为红褐色与黑色相间，其中中、后足基节黑色。

体长3.2～3.5mm（♂）；5.7～6.8mm（♀）。

寻虫指南

本种广布于北京，但因体形小，极难凭裸眼观察在野外发现成虫。可随机在斑衣蜡蝉幼虫的翅芽下寻找黑囊状的螯蜂幼虫，通过饲养观察其做茧及成虫于次年的羽化。5—7月可见成虫。

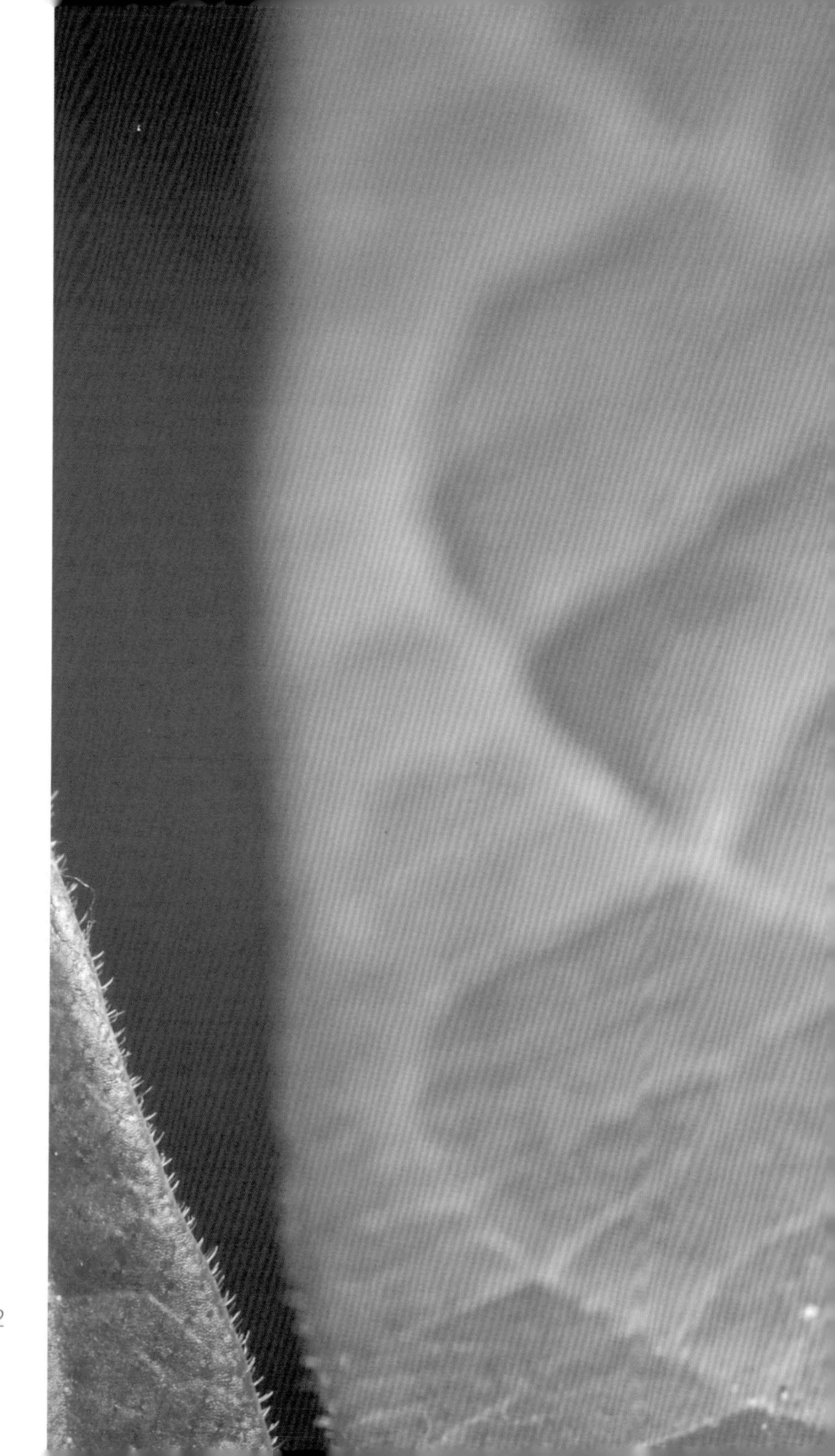

幼虫寄生状

铺道蚁

拉丁学名 *Tetramorium caespitum*

分类归属 膜翅目 蚁科

北京城区最常见的小蚂蚁，几乎遍布任何地点。巢口有细碎的土粒，但很不起眼；本种爬行缓慢、体形微小，同样很不起眼。但当本种大量出现时，常形成黑压压的一片蚁群，构成相当显眼的特殊景观：人们常说的“蚂蚁打架”“蚂蚁搬家”通常指的就是成千上万的铺道蚁同时出现的惊人场面。

形态描述

以裸眼观察时，本种的工蚁是毫无特色的黑褐色小蚂蚁，在显微镜下观察时，可见本种头、胸部具有大体成纵向的密集隆纹，因而头、胸部看

起来不光亮，只有腹部具有明显的反光。

体长2.6～2.8mm（工蚁）

寻虫指南

本种为北京极常见种，几乎随处可见。2—11月可见工蚁活动。

日本弓背蚁

拉丁学名 *Camponotus japonicus*
分类归属 膜翅目 蚁科

本种即北京山区最常见的“大黑蚂蚁”，其大型工蚁体形粗大，见惯了城区小型蚂蚁的人第一次进山见到本种时，必定会对其体形感到震惊。

形态描述

体黑色，头部具有较强的反光，腹部具有黄褐色直立毛。工蚁有不同体形，较小者体瘦长；最大型工蚁头部硕大、上颚发达、头后角向后延伸，腹部也较粗圆。

体长 9.2 ~ 12.9mm（工蚁）。

导虫指南

本种为北京山区常见种。2 ~11 月可见工蚁活动。

红林蚁

拉丁学名 *Formica sinae*

分类归属 膜翅目 蚁科

虽然名字里带个“林”字，但其实本种在北京平原地区相当常见。这种蚂蚁较为“神经质”，稍遇惊扰即像炸了窝一样到处飞奔，并会主动爬到人身上进行攻击。贪玩的孩子如果蹲在这种蚂蚁窝边观察片刻，常会发现衣服上已经爬满了红林蚁。

本种以前常作为*F. rufibarbis*的亚种，2009年德国学者B.塞弗特（B. Seifert）和R.舒尔茨（R. Schultz）将其变更为*F. clara*的亚种，但在讨论中提出“也可能是一个独立种”。我国学者将其作为独立种。

形态描述

中型蚂蚁。体红褐色，头顶和腹大部黑褐色。触角颜色渐变，基部红褐色，端部黑褐色。体密被绒毛，故而有一种特殊的反光，尤以腹部明显。

体长4.5～8.3mm（工蚁）。

导虫指南

本种为北京常见种。3～10月可见工蚁活动。

西方蜜蜂

别名 意大利蜜蜂

拉丁学名 *Apis mellifera*

分类归属 膜翅目 蜜蜂科

最常见的蜜蜂，其与中华蜜蜂最明显的区别是：本种工蜂绝大部分个体腹部基部都为橙色占据绝大比例，唇基黑色，而中华蜜蜂绝大部分个体腹部黑黄相间十分均匀，基部的橙色范围小得多，唇基黄色，体形也稍小。

形态描述

工蜂头与胸部黑色，被浓密的褐色直立长毛；腹部基部橙色，黑条细或无；腹端半部黑黄二色交替、较均匀。唇基黑色，无黄斑。

体长12～14mm（工蜂）。

导虫指南

本种为北京常见种，也是养蜂业的主要饲养种类。2—10月可见工蜂活动。

中华蜜蜂

别名 东方蜜蜂中华亚种、中蜂

拉丁学名 *Apis cerana cerana*

分类归属 膜翅目 蜜蜂科

数量不多的本土原生蜜蜂，其与西方蜜蜂最明显的区别是：本种工蜂绝大部分个体腹部黑黄相间十分均匀，基部的橙色范围小得多，唇基黄色，体形也稍小；而西方蜜蜂绝大部分个体腹部基部都为橙色占据绝大比例，唇基黑色。

形态描述

工蜂头与胸部黑色，被浓密的褐色直立长毛；腹部除基部稍显橙色外，大部为黑黄二色均匀交替。唇基中央具有黄色三角形大斑。

体长10～13mm（工蜂）。

导虫指南

本种在西方蜜蜂的竞争下，已难得一见，极少有人饲养本种，一些地方已开始重点保护"中蜂"资源，以免其野外灭绝。2—10月可见工蜂活动。

长尾管蚜蝇

拉丁学名 *Eristalis tenax*

分类归属 双翅目 食蚜蝇科

部分食蚜蝇科种类，也爱访花，腹部也具有黑橙相间的颜色，常被一些人当成蜜蜂。本书中介绍了几种常被当成蜜蜂的食蚜蝇，长尾管蚜蝇就是其一。

形态描述

翅中部有黑色晕状斑。腹部黑色，第2节具有左右一对舌形橙色斑纹；第2～3节端缘具有橙色横线；有些个体橙斑较发达，把第2～3节背面的黑色区域压缩为“工”字形；少数个体橙斑不发达，腹部接近全黑。中胸背板密被灰褐色绒毛，并有一系列稀疏的秃区。

体长12～15mm。

寻虫指南

本种极常见，无论平原或山区，有大量花朵盛开的地方很容易遇见本种访花。3—11月可见成虫。

短腹管蚜蝇

拉丁学名 *Eristalis arbastorum*

分类归属 双翅目 食蚜蝇科

短腹管蚜蝇也是常被当成蜜蜂的食蚜蝇之一。其与长尾管蚜蝇的区别是：翅无黑斑，腹缘被毛浓密，带黄缘的腹节比长尾管蚜蝇多1节。

形态描述

腹部黑色，第2节具有左右一对三角形橙色斑纹；第2～4节端缘具有橙色横线。雄性腹部第3节前缘也有橙斑，雌性无，且其他斑纹比雄性小。中胸背板密被灰褐色绒毛，并有一系列稀疏的秃区。

体长11～13mm

寻虫指南

本种常见，无论平原或山区，有大量花朵盛开的地方容易遇见本种访花。4～7月可见成虫。

灰带管蚜蝇

拉丁学名 *Eristalis cerealis*

分类归属 双翅目 食蚜蝇科

灰带管蚜蝇也常被当成蜜蜂。其与长尾管蚜蝇及短腹管蚜蝇的区别是：中胸背板具有十分明显的浅灰色横带。

形态描述

腹部黑色，第2节具有左右一对三角形橙色斑纹；第2～4节端缘具有亮黄色横线。雄性腹部第3节前缘也有橙斑，部分雌性个体无此斑。中胸背板密被灰褐色绒毛，并有浅灰色横带。

体长11～13mm。

寻虫指南

本种极常见，无论平原或山区，有大量花朵盛开的地方极容易遇见本种访花。3～11月可见成虫。

黑带蚜蝇

拉丁学名 *Episyrphus balteatus*

分类归属 双翅目 食蚜蝇科

黑带蚜蝇腹部具有粗细成组的黑带，易于识别。其喜悬停，常保持一定距离悬停在人身边，若人不动，则其逐渐靠近，停落在人身上吸食汗液；若被惊扰，一般也只飞出很短距离，悬停观望，旋即再次停落在人身上。

形态描述

体形较瘦小，腹部橘黄色，第2～4节有粗黑带，第3～4节还有细黑带，中胸背板具有锈色与浅色交替的纵条纹。

体长6～10mm。

寻虫指南

本种极常见，无论平原或山区，有大量花朵盛开的地方极容易遇见本种访花。3—11月可见成虫。

双带蜂蚜蝇

拉丁学名 *Volucella bivitta*

分类归属 双翅目 食蚜蝇科

蜂蚜蝇属体大，许多种类体色似胡蜂，极鲜艳。本种常见于北京中、高山，为北京最常见的一种蜂蚜蝇。

形态描述

壮硕的食蚜蝇，体色似胡蜂。中胸背板红褐色，有似竖过来的“☷”形排列的5个黑色条纹。腹部橙色，第2～3节有双曲状黑带。翅前缘橘黄色，近顶角处具有一个黑色晕状斑。

体长16～18mm。

寻虫指南

本种在北京的亚高山草甸与林缘极常见，常在草甸上访花。6～9月可见成虫。

扁蚊蝎蛉

拉丁学名 *Bittacus planus*

分类归属 长翅目 蚊蝎蛉科

蚊蝎蛉如阴暗森林中的精灵，行踪难觅，且有吊臂悬挂的特殊姿态，是昆虫爱好者心中的“奇虫”之一。1992年，爱好者周欣率先发现它，杨集昆先生指出本种属于蚊蝎蛉科，这为北京增加一个目级的昆虫新记录。

形态描述

体黄褐色，复眼黑色。翅油黄色，半透明，前、后翅端半部各有一组颜色加深的横脉，当双翅合拢时，远观似有2道黑纹。

体长21 ~ 23mm（合翅）。

♂

寻虫指南

本种在北京中等海拔高度的密林中偶见，一般仅出没于非常阴暗的林下。其常以前足吊挂在树枝上，与某些大蚊略像，需仔细辨识。7—8月可见成虫。

北京蚊蝎蛉的发现小史

1992年以前，没有人在北京报道过蚊蝎蛉，也没几个人敢想象北京能有蚊蝎蛉。因为它们大多栖息在秦岭和南方、热带地区那样的密林中，而北京显然没有那种环境。所以，当彼时还是高中生的周欣首先在小龙门发现它时，他完全不认识这是什么。继而，他拿给另一位昆虫爱好者张巍巍看，还是没讨论出个所以然。张巍巍又拿给杨集昆先生看，杨先生直接鉴定出：这是蚊蝎蛉！

于是，北京增加了一个目级的昆虫新记录——长翅目昆虫首次在北京发现！昆虫纲共有30多个目，彼时，除去个别仅存在于国外的目，北京就只差长翅目的记录。为北京增加一个“目”是极难的，级别这么大的新记录，未来再难有了。

自此，一传十，十传百，北京的蚊蝎蛉作为一个罕见又独特的存在，成为20世纪90年代到21世纪初的“北京神物”之一，见过它的人极少。并且，因为资料的稀缺，北京的蚊蝎蛉到底是什么种类，一直没有定论，这又为这种难得一见的虫子增加了神秘感。

杨集昆先生一生中发表了超过2000种昆虫，曾以一己之力，创造了中国成百上千昆虫学工作者所发表新种总成就的13%之多，被誉为“千虫翁”和“中国昆虫学界怪杰”。许多稀奇古怪、珍贵罕见的昆虫类群，都是经由杨先生首先鉴定并科普出来，国人才首次知道“世界上居然有这样的昆虫”。但奇特的蚊蝎蛉始终没有鉴定到底，在“千虫翁”太多传奇发现的衬托下，反而成了一件奇怪的事情。在21世纪初的“中国昆虫爱好者论坛”时代，在北京发现这样一只“难得一见又身份成谜”的蚊蝎蛉，是足以引起众人羡慕的“成就”。

北京的蚊蝎蛉“有姓无名”的历史，直到2020年才结束。随着新一代昆虫专家的钻研，我国长翅目研究取得了世界领先的成果，长翅目学者王吉申终于研究清楚了它的名字——扁蚊蝎蛉*Bittacus planus*，把这个跨度近30年的谜题画上了众望所归的句号。而当年参与发现、探讨北京蚊蝎蛉的两位爱好者周欣和张巍巍，也已分别成为中国农业大学的昆虫系教授与自由昆虫学者。

每一种北京昆虫的发现、探索，或都伴随着一些人的成长。这些成长的总和，就是北京昆虫学的进步史。如今，我把一些具有代表性的故事，在这本书里讲出来，希望新一批爱好者拾趣其中、享受其中，并不断探索和传承昆虫学。若得一批人因读到这些故事而“入坑”，成为新一批昆虫达人，则未来可期。

更多有趣的北京昆虫新记录
（代后记）

哎哎……本书到这儿还没完呢。

在本书主体部分，因为涉及太多的专业知识，我不得不用基本上都比较正式的语言风格来撰写。现在，让我把“笔者”换成“我”，更轻松随意地跟您聊一聊北京一些不适合放在前面主体章节里的昆虫记录，这也就当后记了。

先“甩锅”：

267种昆虫能代表北京昆虫吗?

能。因为我已经按“最熟悉的”“最好看的”“最北京的”“最明星的”和“最有说头的”这五大优选标准来遴选“哪些昆虫是最适合拿着一本小手册去观察的”“哪些物种故事是北京的昆虫/自然/博物爱好者应该去了解的”。

但也还不够。因为昆虫的种类实在是太多了，纵使把全世界所有的花、鸟、兽、两爬、云彩、彩虹、闪电、冰晕等这么多类的自然万物的种类数字都加起来，再乘以100，都没有潜在的昆虫种类多。

北京有高等植物约1600种，鸟约500种，鱼、两爬、兽都加起来也不过200种左右。但据合理推测，北京的昆虫怎么也有万种以上。其他类别，选出100种上下，足以具有代表性与特色性。唯独昆虫，纵然我已经把“两三毫米以下，过于微小不适合裸眼观察的”“会蜇人的、抵近观察有一定危险性的”“会引起绝大多数人不适的”“栖息环境不洁，观察起来可能有害健康的”“形态过度近似，也不好看，即使放了图写了讲解也没几个人感兴趣并分得清的”这些范畴的昆虫全部剔除，但是此套丛书对记述物种数的限制，仍让我感觉很不够用。

如果能有一本书，把北京的每一类昆虫，都讲述到“无论去北京什么地方玩，裸眼所能看到的昆虫，读者几乎都能在书里找到其图片和名字”的地步，这本书应该至少需要记述2000种昆虫。在我十余年的观察探索中，我所拍摄并鉴定（或初步鉴定）的北京昆虫种数，也确实接近了这个数字。但是，本次原限定的物种数是：150。

150种，连讲述昆虫一个科都不够。因此，在“注定无法做一本‘大全’的情况下”，我认为与其“什么昆虫类群都选一两种，做一本鸡肋的书”，不如“把读者最喜欢的、最符合‘北京主题’的昆虫类群说全、说细、说出彩”，做一本真正很有北京特色的昆虫书。为此，您能看到，书中我把北京的蜻蜓、大步甲、锹甲等最具人气又个大、适合观察的昆虫类群，以及老北京人最熟悉的常见昆虫，基本都收集全了。

但尽管弃卒保车，并在急扯白脸和死乞白赖地多轮“打架”之后，把150种争取到了267种，但本书中仍有诸多遗憾。比如其实光是食蚜蝇我就在北京拍摄并鉴定了60多种；我也很想把北京的蝴蝶展示得更全（没收录在书里的虽然大多不常见或不适合观察，但毕竟蝴蝶好看……）；我自己研究过的葬甲，北京有近20种，占全国种类的近1/4了，其中有一个还是我亲自发表的，但限于篇幅我只能全部割舍、一个不写。

以上诸多遗憾，只能期待本书再版为Plus版，或在其他项目或合作中再呈现了。如果读者读罢觉得种类太少、意犹未尽，我得说，这个“锅”我不背，出版社背哈……

作为对上述遗憾的些许补偿，我收集了一些北京近年的昆虫新记录，以飨读者。这些记录大多“特殊”，它们要么因产地或季节过于令人意外，要么是发现一只后再也没人发现过，因此也许有点“不靠谱”。比如下面要介绍的一些蜻蜓，有可能是随着水草造景而引入北京的外来种类，如果它们不能顺利越冬并稳定发展种群，那就不能算是北京的正式昆虫记录，最多算是和“迷鸟”一样的“迷蜻”；再如后文中那个奇怪的箩纹蛾，出现在109国道的村镇里，按说理应是常见、量大的种类，可多年来就是找不到第二只。

北京还有更神的记录。比如1940年，德国人居然以北京为模式产地，发表过一种竹节虫！现在没人说得清，到底是不是其产地被搞错了。如果不是其产地搞错了，那么它在北京哪里栖息呢？80多年来没人找到过第二只北京产的竹节虫，因此，这一神奇记录也就成了“卧佛春蜓”那样的谜案。

凡此种种，千奇百怪，都在北京的昆虫探索史中了。至于这些记录靠不靠谱，如还不太靠谱能不能让它变得靠谱，未来能不能在北京发现更多有趣新记录，则留待读者一起来探索了。

北京昆虫新记录 Plus 1——黄斑赤蜻

拉丁学名 *Sympetrum flaveolum*

分类归属 蜻蜓目 蜻科

这是一个离奇的记录。

本种在国内原记录产地是黑龙江、吉林、内蒙古。2020年5月12日，蜻蜓爱好者姜科在北京奥林匹克森林公园里记录到一只雌性，后又寻找，无种群，仅发现此一只。考虑到本种本应出现在7—9月，5月出现实属不正常。奥林匹克森林公园常引进水草，这只黄斑赤蜻也许属偶然运入，因北京温度高于原产地，而提早羽化。未来，其是否稳定出现在北京且有一定数量的种群，将成为它是否应记入北京蜻蜓名录的关键。

北京昆虫新记录 Plus 2——灰蜻属未定种

拉丁学名 *Orthetrum sp.*

分类归属 蜻蜓目 蜻科

这是一个特征鲜明但目前谁也鉴定不出来的物种。

计云最早于2011年7月18日在松山景区里拍到一只雄性，后又在龙门涧也见到。蜻蜓爱好者张玥智在北京植物园也记录到。蜻蜓专家张浩淼在《中国蜻蜓大图鉴》中将本种列为未定种，记录分布于湖北、贵州、重庆、云南。北京的记录，将本种的分布领域扩展到全国大部。近期，包括河南、湖南在内的多省也确实都发现了这种灰蜻。

本种雄性腹部仅1节密被灰白色粉霜，十分特殊。一个超级广布且颇具特色的大型昆虫物种，却多年来没有人能鉴定出来，这真是令人倍感无力。

北京昆虫新记录 Plus 3——闪绿宽腹蜻

拉丁学名 *Lyriothemis pachygastra*

分类归属 蜻蜓目 蜻科

这是一个看起来相当靠谱的新记录。

本种广布，从东北到秦岭，经东部沿海到南方多省，但唯独绕开了京津冀地区，令人百思不得其解（类似的情况还有独角仙——双叉尾犀金龟）。北京的首次记录，由自然爱好者陈炜于2016年5月22日在门头沟圈门山上发现。因其历史记录产地几乎环绕河北，按说北京理应可以有本种的分布。目前唯一令其在北京的分布记录存疑的是：其仅发现了一只，且自发现后再无人找到第二只。

北京昆虫新记录 Plus 4——小齿箩纹蛾

拉丁学名 *Brahmophthlma litserra*
分类归属 鳞翅目 箩纹蛾科

本种的发现在当时轰动了北京昆虫圈，因为北京从没发现过翅上“带球”的箩纹蛾。

箩纹蛾科过去曾被称为水蜡蛾科，这个科的许多种类体形极大，有令人眼花缭乱的纹理和模拟猫头鹰的球状眼斑，给人的视觉震撼堪比大蚕蛾。但也有一些箩纹蛾种类小而平淡无奇，比如至今被普遍认为是北京唯一一种箩纹蛾的黄褐箩纹蛾*Brahmaea certhia*。

这个标本由计云采自门头沟王平村的路灯下，发现时间是2006年8月8日。其曾被人认为是广布的青球箩纹蛾或枯球箩纹蛾，其实都不是。这个种类是2002年在《昆虫学报》上，由郝蕙玲、张秀荣、杨集昆联名在《中国水蜡蛾科二新种》一文中发表的小齿箩纹蛾*Brahmophthlma litserra*（当时叫小齿水蜡蛾）。其原始记录产地为河北省易县奇峰庄，现增加了北京新记录。

略有遗憾的是，自其在北京发现以来，虽有人多年来专门寻找，但包括我本人在内，都再未在北京见过此种的第二只记录。推测本种应为河北到北京西南部连续分布，但不知为何似乎数量稀少。本种的进一步发现，有待各位读者去探索。

致谢

随着网络大繁荣，人们获取科学知识越来越容易了。随着拍摄设备大普及，人人都可以成为自然万物的影像记录者。随着交通便利化，北京实现了“村村通”，国家修建了高铁、市郊铁路，以前难以到达的地方，爱好者们现在可以愈加便捷地去探索。这前所未有地促进了博物学和民间自然探索活动的发展。这套丛书的作者们，就都是时代发展的受益者。

于是，最近几年，咱们北京史无前例地“博物学成果大爆发”。关于北京植物、鸟类、鱼类的好书纷纷横空出世，而且全都是我们中国人自己积累、撰写的。现在，我们也该拥有一些关于北京昆虫的图鉴、野外观察手册、故事集、摄影集了。因此，本书的应运而生，我首先要感谢这个国富民安与科技进步的时代。

我还要感谢家人的支持。

自儿时喜爱昆虫、考上大学去研究昆虫、参加科考队，后又分出大量精力致力于推动云与大气现象在中国的科普以来，我探索自然万物已超过20年。我的父母始终支持我做我最喜欢的事情。今天我在自然科学/博物学/科普领域所贡献的一切成果，均成就于父母“纵容”我选择自己的人生。他们的支持，令我“有相当的魄力与担当，去矢志不渝地坚持做一件事”。

我的妻子在照顾孩子上付出了大量的精力。在本书撰写过程中，女儿的一切起居、上下学均由妻子与我父母陪伴，他们为我创造了最佳的研究与创作条件。

我的姥姥对北京的自然万物有超过常人的辨识力，她所传承下来的北京昆虫俗名，正确性极高。我早在2011年即发表“北京动物俗名考”系列文章，其中不少名称就来自姥姥的传承。现在我将进一步梳理、厘清后的北京常见昆虫俗名，写在本书中，这些名称作为北京文化的一部分，将得到更长久的流传。

我也必须向朋友们一一致谢。

在本书编纂过程中，昆虫学者张巍巍先生、北京师范大学的赵欣如老师、北京大学附属中学的倪一农老师、《中国螳螂》的作者袁勤先生，以及好友徐方琛、卢曦，他们与我分享、探讨北京昆虫俗名，提供了宝贵的意见。

张巍巍先生还分享了北京的蚊蝎蛉的发现故事、北京竹节虫历史记录文献。

张浩淼博士、何雨琪帮助提供了必要的参考文献；昆虫爱好者刘锦程先生协助提供了部分昆虫的体长数据、产地信息；北京自然爱好者陈炜、蜻蜓爱好者姜科为一些物种丰富了其在北京的分布地点信息。

在本书所记述的物种中，上海师范大学的汤亮博士给定了“斑腹斧须隐翅虫”的鉴定，绵阳师范学院的王成斌博士给定了“普通叉长扁甲”的鉴定，大理大学的王吉申博士给定了“扁蚊蝎蛉”的鉴定，中国科学院昆明动物研究所的张浩淼博士给定了“西南亚春蜓”的鉴定并核验了我对其他一些蜻蜓的鉴定。其余物种由我鉴定，若有错误，由我负责。

有些物种的照片我没有拍过，朋友们的慷慨支援解了燃眉之急。有62张宝贵的昆虫生态照来自下列朋友们的贡献：自然爱好者陈炜、昆虫学者刘晔、昆虫爱好者李超、中国农业大学昆虫系李虎教授、北京自然博物馆常凌小博士、昆虫学者王建赟博士、《中国东北蜻蜓》作者金洪光、蜻蜓爱好者张玥智、蜻蜓爱好者温雨川、蜻蜓爱好者姜科、自然爱好者朱文启、自然爱好者杨南、自然爱好者周立新、科普达人严莹、科普达人孙苏琙、北京观鸟达人郝建国、北京观鸟达人王瑞卿、英国自然爱好者特瑞·汤森德（Terry Townshend）、生态摄影师程斌、摄影爱好者刘洁。

上面一些朋友的网名可能更为人所熟悉，这些网名亦能勾起一些读者的美好回忆：乘风归去、琴心三叠、昆虫学liuye、kukutel、通州大好、straybird、蛐蛐、miao、京丰某琛、燕子sxsxsx、小青鳉、木棉。

此外，我还要向“中国昆虫爱好者论坛”与“北京昆虫网”的缔造者们致敬，他们所开创的网站，极大地促进了昆虫爱好者水平的提升，培养出了众多堪称“黄金一代”的昆虫达人。如今活跃在北京昆虫科普领域的佼佼者，全部都是这些网站的受益者。感谢“中国昆虫爱好者论坛”的主创者们——自然、小胡蜂、集虫儿、蜣螂、巴帝、蜘吱和“北京昆虫网”的主创者——拉步甲。

本书能够出现，离不开上面每一个人的贡献。